给自己留一些孤独时光

张仲勇 编著

中国华侨出版社

图书在版编目（CIP）数据

给自己留一些孤独时光/张仲勇编著．—北京：中国华侨出版社，2015.11

ISBN 978-7-5113-5787-8

Ⅰ．①给… Ⅱ．①张… Ⅲ．①成功心理－通俗读物 Ⅳ．①B848.4-49

中国版本图书馆CIP数据核字（2015）第281331号

● 给自己留一些孤独时光

编　　著/张仲勇
责任编辑/文　筝
封面设计/一个人·设计
经　　销/新华书店
开　　本/710毫米×1000毫米　1/16　印张/16　字数/200千字
印　　刷/北京一鑫印务有限责任公司
版　　次/2016年2月第1版　2019年8月第2次印刷
书　　号/ISBN 978-7-5113-5787-8
定　　价/32.00元

中国华侨出版社　北京市朝阳区静安里26号通成达大厦3层　邮编100028
法律顾问：陈鹰律师事务所
编辑部：（010）64443056　　64443979
发行部：（010）64443051　　传真：64439708
网　　址：www.oveaschin.com
E-mail：oveaschin@sina.com

前言

"可爱的灵魂都是倔强的独语者"。不愿向丑恶屈服、不肯随波逐流的人，往往都是最孤独的，但他们的生命也是最具有价值意义的。

在孤独中成长的人既感性又冷静，或许一些很小的事情就能打动他们。但感动之余，他们还是会冷静分析，所以很多事他们比别人看得更透彻，所以他们比别人多了一些睿智。但这种睿智很多时候也是别人所不能理解的，于是他们的孤独便又加深了。

就像朱光潜先生所说的那样：

"我有两种生活方式：在第一种方式里，我把自己摆在前台，和世界上一切人和物一起玩把戏；在第二种方式里，我把自己摆在后台，袖手看旁人在那儿装腔作势。"这是对在孤独中成长的人的最好描述：孤独，但并不是孤僻，也不是寂寞。

很多人都弄错了孤独的含义，认为孤独的，就是寂寞的。其实孤独和寂寞完全是两回事。孤独是沉醉在自己世界里的一种冷静地独处，所以，孤独的人表现出来的是一种圆融的高贵。而寂寞是迫于无奈的虚无，是一种无所适从的可怜。

寂寞的人是空虚的，即便呼朋唤友，纵情狂欢，那也只是一时的宣泄，狂欢过后，终归要回到原来的状态，内心烦躁，自我逃避。而孤独的人是在给予自己足够的空间去审视自己，独立地、安静地在思考。

也许，只有给自己一些孤独时光，才有机会思考生命的意义。

究竟怎样充实生命的价值？

究竟怎样让人生变得宽厚而多姿？

究竟怎样才能让自己感受到真正的快乐？

是在孤独中成长。

因为人只有在安静的时候，才有机会直面和审视自己的心灵。

在某一个夜晚，谢客守窗，一杯清茶，一卷好书，沉静其中，好好体味一下在孤独中的感觉，或许你会感到豁然开朗。

当有一天，你发现自己不再盲目地喜欢热闹，不再任性地处理问题，开始遵从自己的意愿做自己需要做的事，学会尊重身边的每一个人，在得失方面变得大度慷慨，开始有自己独立的思想，那么独处也就变得充满意义，成长有迹可循。

目录

第一章　我的孤独，我自了悟

孤独的时候，看看自己的影子，做了个深深地，深深地深呼吸，狠狠地、狠狠地吸一口清新、纯净的空气。学会感悟孤独，让自己保持清醒……

故事要怎么写，才不辜负此生 / 2

我被人忘记了，还是我忘记了人呢 / 5

这辈子，没有必要刻意去寻找一个知己 / 7

你不懂我，我不怪你 / 10

我就是我，为什么要活在别人的世界里 / 13

在孤独的静谧中怀一抹淡泊情怀 / 16

忘我，无我 / 19

刻意求静，实不能静 / 22

第二章　人生何处不低谷

　　这一切的挫折、一切的磨难，不过是种历练。人生总会有一个经历孤独的过程，在孤独中才能得到沉淀，才会越发成熟，生命的归属终究离不开孤独。

所有忍耐，只为那一次美丽绽放 / 26

别怪他们在你困难时选择逃跑 / 28

感谢您的"最后通牒" / 32

依附于人，不如依靠自己 / 37

要飞翔，就要依靠自己的力量 / 39

自己的苦，最终只能自己扛 / 42

白棋是我，黑棋是我，赢家自然是我 / 45

有希望，便无绝路 / 48

第三章　向人迹罕至的地方走，不必与谁同行

　　生命的成就往往取决于你敢不敢往人少的地方走。人迹罕至的地方可能会很孤独，可能会隐藏着未知的风险，但因为没有人或少有人来过，留给你的才有可能是累累硕果。

一个人的时候想一想，以后该往哪里走 / 52

留意那个人迹罕至的角落 / 55

别人都认为"对"的事情，我就想问个"为什么" / 58

我们为了避险而盲目跟风，因为盲目所以走错路 / 61

已经踏平的大路尽头，不会有价值连城的财富 / 64

你走你的阳关道，我过我的独木桥 / 68

别在别人都投资的地方投资 / 73

别人都在寻找事物的共性，我去寻找它的个性 / 75

你可以说我胡思乱想，但不能否定我思想上的光芒 / 77

及时转型，大有可为 / 80

第四章　生命的美好，总在孤独后绽放

生命的美好，总在孤独后绽放。但凡成功之人，往往都要经历一段没人支持、没人帮助的黑暗岁月，而这段时光，恰恰是沉淀自我的关键阶段。犹如黎明前的黑暗，捱过去，天也就亮了。

告别痛苦的手只能由自己来挥动 / 84

如果我不坚强，没人替我勇敢 / 86

我的梦想，或许是一场永久性的战争 / 89

每个成功者都是一路孤独走来的 / 91

无数孤独而痛苦的黑夜，成就了无数颗明星 / 94

耐得住孤独才能超凡脱俗 / 98

在孤独时挥洒更多汗水 / 101

理想，其实就是一种煎熬 / 104

别怕板凳十年冷，自古雄才多坚挺 / 106

我要一个人默默行走，看看能够走多远 / 109

第五章　越是纷繁越成空，越是孤独越丰富

越是纷繁越成空，越是孤独越丰富；守得住孤独是纯粹，守不住孤独是浮躁。身居城市的我们，要在喧闹的红尘中，让心开出一朵圣洁的雪莲花。

一份清纯高远的孤独 / 114

缠绕我的那些诱惑，现在请你离开 / 116

不以物喜，不以己悲 / 118

纵然弱水三千，吾只取一瓢饮 / 120

静下心来，住进窄门里去 / 123

坚持会很孤独，但我需要坚持 / 126

冠军永远跑在掌声之前 / 127

彷徨苦闷的时候，试着让自己静下来 / 130

做一个孤独的散步者 / 133

到心灵静谧的地方走一走 / 135

第六章　做自己，与他人无关

我们不是人民币，做不到让谁都欢喜。做自己想做的事，走自己想走的路，虽然会感觉孤独甚至会招致歧视，但并不意味着那就是过错。让懂的人懂，让不懂的人不懂，不管岁月流年，不管蜚语流言。

我愿意保持我的本来面目 / 140

生命中最该取悦的那个人 / 143

别在我的身上乱贴标签 / 145

我可以忽视，那些反对的声音 / 147

别让别人替你做决定 / 151

不能坚持自己原则的人，就像墙上的无根草 / 154

我走我自己的路，任凭你们怎么说 / 158

你们的话，我一个都不听 / 161

第七章　我愿陪你携手到老，也不怕从此各奔东西

爱情，拥有的时候要珍惜，错过了，就是一辈子；失去了，就放弃，不必伤心地站在原地。当我们经历了成长的阵痛、爱情的变故以后，会幡然醒悟，那么多年的孤独其实是上天的一种恩赐，为了支撑你此后坚强地走完这冗长的一生。

一起来算算这本离婚账单 / 166

谁能陪我一路走回家 / 170

我们只是不在同一维度里 / 178

你不爱我，我不怪你 / 181

我一个人痛，就足够了 / 183

如果留不住你，我会成全你 / 185

有些人真的永远不必等 / 189

第八章　这样的孤独，虽败犹荣

每个人都具备人的两面性：善良和邪恶。浮躁的世界里，如果我们能够以心灵的对白时刻警醒自己，让生活的正能量得以传播，那么虽然走在一个人的世界里，我们的孤独，也是虽败犹荣。

有时，真理只掌握在少数人手中 / 194

宁受一时孤独，不取万古凄凉 / 196

达则兼济天下，穷则独善其身 / 199

养心莫善于寡欲，其人也刚矣 / 201

修德我为人先，取利我在人后 / 204

穷益志坚，坚守在心灵的乐土上 / 206

克私欲，存公德 / 210

当别人误解我的时候，我总是沉默 / 212

结庐在人境，心远地自偏 / 214

第九章　众人皆醉我独醒

何为迷津？

万物皆空，本无迷津。你若内心贪恋浮华而放不开，便是迷津。苦等他人的指点与救助难得善果，你才是自己的解铃人。

知足常乐，睡得安稳，走路自然踏实 / 218

美酒饮到微醉处，好花看到半开时 / 221

目 录

难得糊涂，糊涂难得 / 225

俗人昭昭，我独昏昏；

俗人察察，我独闷闷 / 226

睁一只眼观心自省，闭一只眼淡看红尘 / 229

清心寡欲，自在如水中游鱼 / 231

不从外物取物，而从内心取心 / 234

静听花开，我心平常 / 236

让心一片清静 / 240

第一章
我的孤独，我自了悟

孤独的时候，看看自己的影子，做了个深深地，深深地深呼吸，狠狠地、狠狠地吸一口清新、纯净的空气。学会感悟孤独，让自己保持清醒……

故事要怎么写，才不辜负此生

这一生，我们赤裸裸地来了，不是我们的选择，我们也无从选择。生与死，皆如此。上帝把这个权力留给了他自己。我们唯一能做的，就是选择怎样活着。

怎样活着才好？这个故事要怎么写，才算不辜负此生？问一千个人，或许会得到一千个答案。其实何须如此烦琐，该来的终究要来，该去的始终无法挽留，如果能够珍惜活着的时间，用有限的生命去创造无限的价值，对于我们的生命而言，就是一种极大的奖励。虽然，这可能会有些孤独。

在人类历史的星空中，有这样两颗星，他们孤独地燃烧着，熄灭了。直到很多年以后，他们的光才达到我们的眼睛……

尼采和梵高就是这两颗星，一颗星照亮了人类思维的空间，一颗星将人类的艺术生活演绎得更加深邃。他们同样出生在偏僻的乡村，从小接受的都是仁爱思想，他们同样地孤独。

1888年是尼采创作的高峰，这一年，他接连写了五本小册子：《偶像的黄昏》《瓦格纳事件》《尼采反对瓦格纳》《反嫉妒》《看，那个人！》但这时的他籍籍无名。

1888年也是梵高的艺术巅峰，他经典传世的大多数画作都产生于这一年：《向日葵》《开花的果园》《阿尔卑的吊桥》《收获景象》《自画像》等，而他同样名不见经传。

1888年，当尼采接近崩溃的时候，世界"发现"了他，第一次，开始有人欣赏他的哲学。

1889年，梵高的生命之火即将熄灭，他的弟弟第一次卖掉了他的画，于是，他也被世界"发现"了。

这两个人在生命的大部分时间里，同样地不为人知，认识他们的人都叫他们是"疯子"。他们被排斥在人群之外，他们同样都是世纪末的孤独者，却也是新世纪的早生儿！

百年之前，两位孤独的大师走完了他们短暂的人生，留下的却是灿烂与辉煌。尼采和梵高的个性注定了他们的命运——为了艺术，为了揭示人生，他们孤独地追求自己的梦想。他们那颗不安分的灵魂一直在苦苦追寻着。他们都没有品尝过爱情，没有完整的家庭，没有直接的收入，甚至连朋友都没有，他们的孤独常人难以领悟。而在这世纪末的孤独里，他们又为下个世纪，甚至是后几个世纪的人们点燃了火炬。

或许在常人看来，这两个人的生命里除了哲学与艺术，就只有孤独，但其实还有爱与激情。真正的爱与激情是最孤独的。正是出于对生命的激情以及爱的理由，尼采在万丈红尘中艰难地跋涉着；也是因为同样的理由，梵高在他色彩斑斓的画作中，呼唤着自由与爱的到来。尼采说过："怀着你的爱和你的窗到你的孤独里去，很久以后，正义才踉脚跟在你的后面。"

尼采和梵高之所以如此孤独，是"因为他们感到有一条可怕的鸿沟，把他们同一切传统分离开来置于恒久的光荣之中"。这是整个盲从的世界中，一个真实的人的孤独，这是一切向传统挑战的思想战士的孤独。他们怎么能够忍受如此的孤独？一切源于他们想要超越自己的信念。尼采和梵高犹如梦游者被唤醒，他们为自己缔造了一个全新的世界。

转眼间，一百多年过去了，百年前的孤独背影越走越远，但是他们的足迹却留在了人们前进的道路上……

生命的意义是什么？不是金钱，不是情欲，不是一切身外之物，而是爱与激情。这是生命真正的幸福快乐之源。虽然有些孤独，但它使我们在实现社会价值和个人价值的同时，超脱了私欲纠缠，进入高贵状态。

孤独与空虚虽然看起来有几分相似，但它们之间并不能画等号。孤独的人也许很难被人理解和接受，但这并不代表他们的生活方式消极而落寞。孤独的人可以寻找到最初想要的本真。经历孤独，他们可以感受到自己的坚强。

当我们学会感受人生的悲喜与无奈，也就更能明白如何改变生活的态度。让自己的心灵小憩在孤独小舟之中，就能享受孤独。如果能够很好地把握孤独，它不仅不会把一个人淹没，反而能够成为我们休息、调整的空间。在那里，我们可以找到不一样的感受，找到心灵的新起点，找回生命中最珍贵的东西。

我被人忘记了，还是我忘记了人呢

偶尔与友人把盏，你的所言、所想大部分人都不爱听，于是你成了游离于人群之外的那类人。你感觉他们很肤浅，他们也对你很不满。你并非有意为之，别人却对你一笑置之。你只有无奈地慨叹着："我被人忘记了，还是我忘记了人呢？"一种"我遗弃了人群而又感到被人群所遗弃的悲哀"流连心间。

其实，阳春白雪，曲高必和寡，不然这世间贤人怎会寥寥无几。古语有云："高处不胜寒。起舞弄清影，何似在人间。"阳春之曲岂是人人都可和之。他人不解未必是你的错。

魏晋嵇康，竹林七贤之一。他抚琴赴死，此后《广陵散》便失传于世。嵇康的诗，很多都是气势极磅礴的，如《兄秀才公穆军赠诗十九首》中的"双鸾匿景曜，戢翼太山崖。抗首漱朝露，晞阳振羽仪。长鸣戏云中，时下息兰池"等句，又如《四言诗》中的"羽化华岳。超游清霄。云盖习习。六龙飘飘。左配椒桂。右缀兰苕。凌阳赞路。王子奉轺。婉娈名山。真人是要。齐物养生。与道逍遥"等句，嵇康是在以一种大姿态俯瞰众生，这样的气魄之下，一个人最容易产生的就是"众人皆醉我独醒，众人皆浊我独清"、"曲高和寡"的孤独。

"习习谷风，吹我素琴。咬咬黄鸟，顾俦弄音。感寤驰情，思我所钦。心之忧矣，永啸长吟。"一个孤独的形象，有素琴，却只能与清风抚；有清音，却只能与黄鸟鸣。非无人愿与之相伴，而是无人相知，无人相与和！"虽有好音，谁与清歌？虽有姝颜，谁与华发？""结友集灵岳，弹琴登清歌。有能从此者，古人何足多？"曲高和寡的背后有，是对知音者的向往。嵇康明白自己想要的，也知道他想要的并不那么容易得到。他自顾自地喝着、唱着，孤独着。

太傅钟繇之子颖川钟会慕嵇康之名，邀集当时的贤俊之士，拜访嵇康。嵇康"扬锤不缀"、"傍若无人"、"不交以言"，客观地说，非常傲慢无礼。

钟会面子上挂不住，终于选择离去。

嵇康说出了中国史上最傲的一句话："何所闻而来？何所见而去？"与其说是询问，不如说是以一种"居高临下"的口气在质问。

嵇康孤，因为知己者寥寥；嵇康傲，因为在精神上有绝对的自由。或许在嵇康看来，钟会与自己根本不是一路人，像钟会这般汲汲于名利的人，又怎么会明白精神自由与超越的乐趣呢？

留下"闻所闻而来，见所见而去"的回答后，钟会悻悻然离去。

嵇康曲高和寡，能称之为知己者不过"竹林七贤"等寥寥数人而已。而在此之中，也只有陈留、阮籍能与嵇康比肩而论。

一曲广陵赴乾坤，曲高和寡仍高歌。嵇康之凌厉不羁，旷逸傲岸，一生励志勤学，崇自然、尚养生，惊才通博，临终鼓琴神思仙念《广陵散》，一曲绝弦，葬了半生漂泊，闻者其谁，契者其谁？凄咽处，语凝噎，慨听弦断音亦绝。

众人皆入梦，唯我独向隅！究竟是我被人忘记了，还是我忘记了别人，都不重要，重要的是你的心在向往着什么。鸟中有大鹏，鱼中有大鲲。大鹏振翅起，扶摇直上九万里，那些篱笆间跳跃的家雀又岂知大鹏眼中的天高地阔呢？鲲鱼晨由昆仑发，午达渤海湾，夜停孟诸湖，那些只会在水塘中穿梭的小鱼又怎知大鲲心里的江阔海深呢？如嵇康者，他们美好的思想和行为都超出于一般人之上，那些寻常人又怎么可能理解他们的所作所为呢？

唯其可遇何需求，蹴而与之岂不羞。果有才华能出众，当仁不让莫低头！当所有的喧嚣都离你远去，只有你独自沉浸在孤独中，冥想着、净化着，你又何须去在意究竟是谁忘记了谁？

这辈子，没有必要刻意去寻找一个知己

高适说："莫愁前路无知己，天下谁人不识君。"劝慰之词罢了，茫茫天下，识君者能有几人？俞伯牙"高山流水"，知音者唯钟子期。借问人间愁寂意，伯牙弦绝已无声。高山流水琴三弄，明月清风酒一樽。

知音自古难觅。古往今来，多少高山隐士、文人墨客、王侯

将相，或独钓寒江，或登高长啸，或对月慢饮，或邀影成诗，喟叹："人生得一知己，足矣！"一个足矣，更是道出了无尽的遗憾与无奈。也正因如此，"高山流水"的佳话才会在世间经久流传。孤独是一种无奈的选择，因为没有找到合适的同行者。然而，叹便叹了，憾也憾了，却不必刻意去寻找一个知己，因为生命的常态是孤独。

我们孤独而来，一无所有，有几人能与人结伴同来？我们孤独而去，独走黄泉，又有几人能与人相约结伴而去。然而我们又常说，自己害怕孤独。其实，我们害怕的是寂寞。

寂寞与孤独是很容易被人们混淆的概念，其实这是对生命的两种不同感受。孤独是沉醉在自己世界的一种独处，所以，孤独的人表现出来的是一种圆融的高贵。而寂寞是迫于无奈的虚无，是一种无所适从的可怜。

排解寂寞很容易，如今的社交网络如此发达，有太多的方法排解寂寞，一旦热闹起来，寂寞这种表象的、浅层次的心灵缺失也就解了。而孤独则不同，孤独是那种纵然你被众星捧月，依然会心中寥寥，甚至更为孤独的感受。欲语还休，难以言清。

于是，便有了"举杯邀明月，对影成三人"，便有了"驿外断桥边，寂寞开无主"，那是一种感叹于知己难寻的落寞。然而，心灵上能互通的毕竟没有几人。即便终了一生，或可相遇，或者就是无缘。

所以，不必刻意去寻找，有些东西奢求不来。纵然是同枕共眠的夫妻、血浓于水的父子兄弟，在精神层次上也未必能够完美契合。至于朋友间的一言九鼎、肝胆相照，也只是情义上的深度，若说知己，恐怕未必。人于茫茫尘世中，若能寻得一二在某一点上有共同之识、彼此赏识、相得益彰的朋友，已是人生一大幸事。

譬如你喜欢读书，得一有相同爱好的书友，彼此借阅，互论心得，诗清词雅，相互切磋，此人生一喜也。又如你爱那杯中之物，得一好此道者，酒量不相上下，酒品犹佳，有了空闲便在一起浅酌慢饮，高谈阔论，纵横天下，指点江山，岂不也是人生一幸事，又何必非求他知己知心？

其实每个人都有孤独感，喧嚣中的人，内心可能是孤独的，这种孤独是与生俱来的，有人多些，有人少些，但内心都渴望被安抚理解。如果得不到，不必去强求。你身边的人，他们的言行你不认同很正常，他们不理解你也很正常。每个人都是独立自由的个体，有各自的想法与思考，你能做的就是求同存异。精神层次上的东西，不能相容也就罢了。你还可以享受属于自己的那份孤独，它会让你的心静下来，去做关于生命的思考。

如果在这个世界里，你不能找到那么一个人，想着同样的事情，怀着相似的频率，在某站孤独的出口，等待着与你相遇。那么，学会享受你的孤独时光。求知己、觅知音，是一种非常美好的追求，可人生总是遗憾重重。生命中能得一二知己当然是一大幸事，但能在缺憾的人生中，学会孤独地享受人生之乐，才是智慧的人生观。

你不懂我，我不怪你

多年以前，他和她偶然邂逅，彼此相识，从一见倾心到无话不谈。

"你有什么爱好吗？"她问。

"文学，你呢？"他说

"真的吗？我也是。那你喜欢看什么书？"

"《红楼梦》。"

"太巧了，我也是！"

他们的身影，时而重合，时而平行。

相处了一年以后，他和她来到了彼此相识的地方，路灯下，把他们相反方向的身影拉得很长。

"你觉得林黛玉这个人好吗？"他问。

"她玉洁冰清，对爱情忠贞不渝。"她说。

"可是她心胸狭窄，对人太苛刻。"

"你真的是这样认为的吗？"

"是的。"他很认真地回答。

"可我……"

两个身影各奔东西，只留下一片昏黄的灯光。

第一章 我的孤独，我自了悟

置身于陌陌红尘中，每一天都有别离，每天也都有相逢。茫茫人海，谁与谁一见倾情，又是谁与谁擦肩而过。所谓朋友，所谓恋人，一转身，也许就是一生背道而驰，一句再见，也许就是这辈子再不相见。所以，不要停在原地，不要傻傻地等，不要呢喃自语："我这个人，为什么你不懂？"

风有风的心情，雨有雨的心声，你的所想怎能人人都懂？你的心声，怎能人人遵从？做好你自己，才是最好的言行。人与人之间的故事，就是一点一滴的缘分凑成，他不懂你，你不懂他，说明彼此的缘分还没水到渠成。

他说你冷面寒霜，其实不知道，你的火热在心中；

他说你淡漠无情，其实不知道，在街角看到那个乞讨的小孩，你的心早已泪如雨下；

他说你自负癫狂，其实不知道，你只是不愿向功利世俗去妥协；

他说你爱得不深，其实不知道，你只是不想万劫不复，只是刚好爱到七八分；

他说你孤僻高深，其实不知道，你只是希望遇到一个真正懂你的人。

也许你与他就像不同时区的钟，看起来好像在一起滴滴答答，其实大相径庭。你没有走进他那个时区，他就跟随不了你的分分秒秒。你们之间就好像隔了一层薄薄的纱，看似若有若无，实则彼此都看不清。所以他不懂你，你别怪他。

这世上找不到那么多的不离不弃，也没有那么多的理所应当。

能珍惜的便珍惜，毕竟，缘分来之不易。但不是所有的错过和失去都不值得原谅，留不住的只是朝露昙花，再美不过刹那芳华。人与人之间，懂了就是懂了，不懂，你再解释，依旧不懂。他不懂你，你别怪他，不是为了显示自己有多么大度，也不是为了显示自己有多么随性，只是要让自己明白，每个人都有一个死角，自己走不出来，别人也闯不进去。我们都习惯把最深沉的秘密放在那里，所以他不懂你，你别怪他。

其实难过的时候，不一定非要有个人陪在身边，宽慰几句，安抚几许。无聊的时候，发会儿呆，享受一下孤独的时光。不言不语，不卑不屈，让思想升华出来的火花照亮心里需要照亮的角落，别怪自己，也别怪别人。

我们一直试图找到那些真正懂我们的人，但往往却是天意弄人。或许有一天，我们的努力会被人感受，有人愿意从内心里去了解我们；或许，我们的努力一直不能被人感知，他们淡漠了我们的这种追求。无论如何，都要释怀，能被感知自然舒心，不能被感知也要会宽心。

他不懂你，你别怪他。尽自己的心，用自己的情，做最好的自己，就是一种欣慰，无怨无悔。人人都有自己的原则，人人都有自己的活法，你有你的观点，他有他的见解，何必非要把自己的想法强加给别人？你认可的，他未必认同，你理解的，他未必明白，别奢望人人都懂你的心情。如果留念只能是痛苦，何必对昨天的过往纠缠不休？一壶香茗，一卷书，一剪月光，一人赏，在孤独的日子里，依然可以安然无恙。

第一章 我的孤独，我自了悟

我就是我，为什么要活在别人的世界里

我们总是畏惧别人的眼光，总是担心别人怎么想，不自觉地丢失了自己；其实事情是我们自己的，别人不应该成为我们的标准，为什么我们要生活得那么被动呢？

有一个妇人是私生子，别人都对她指指点点，她整天烦恼不已。无论她走到哪里，这种烦恼都如影随形，不断折磨着她。

有一天，妇人忍受不了了，想投水自尽，一死了之。可是妇人刚刚跳入河中，就被人救了起来。听完妇人的不幸遭遇后，那个救她的人劝她求助智者，寻求解脱。

于是，妇人前去拜访智者，向他诉说自己的不幸。智者在听完妇人的泣诉以后，只是让她静默打坐，别无所示。

妇人打坐三天，非但烦恼不除，羞辱之心反而更加强烈。妇人气愤不过，跑到智者面前，想将他臭骂一顿。

但她还未开口，智者便说："你是想骂我，是吗？只要你再稍坐一刻，就不会有这样的念头了。"智者的未卜先知，让她既吃惊又心生敬意。于是，她依照智者的指示，继续打坐。

不知过了多长时间，智者轻声问道："在你尚未成为一个私生子之前，你是谁？"

妇人脑子里的某根弦仿佛突然被拨动了一下，她恍然大悟，随后号啕大哭起来，喊道："我就是我啊！我就是我啊！"

我就是我，不要太在意别人的话，别人不是我们的镜子。一个人活在别人的标准和眼光之中是一种被动、一种依附，更是一种悲哀。人为什么要活得那么累呢？人生本来就很短暂，真正属于自己的快乐更是不多，为什么不能为了自己完完全全、彻彻底底地活一次？为什么不让自己脱离建立在别人基础上的参照系？要知道属于你的，只是自己的生活，而不是别人赐予的生活！

著名畅销书作家泰德曾经写过一本书《为自己活着》，一经出版后立刻造成轰动，迄今创下销售七十余版的纪录。

泰德在书中阐释一种自由主义的思想，鼓励每个人不需跟从世俗标准随波逐流，而是应该依自己的方式去选择有价值的人生，使自己活得快乐、活得自由。你活得快乐吗，自由吗？读这本书的人都觉得"心有戚戚焉"，因为他们的心事被看穿，他们发现自己这辈子为了父母而活，为了配偶而活，为了子女而活，为了房屋贷款而活，为了取悦老板而活，为了身份地位而活……总之，有各种"为别人活"的理由，却始终没有为"自己"好好活过。

为了别人而活，经常使人陷入进退两难的境地，他们过着不快乐的生活，做着不合志趣的事，即使是他们当中不乏外表看起来功成名就的人，但他们心中仍有一种想"冲破现状"的欲望。

你是不是会有这样的感受？虽然职位愈爬愈高，薪水也日益上涨，但这并不是你想过的生活。纵使人人羡慕你，但其实这些表象只不过是生活无趣的"安慰品"罢了。你心里想的很可能只是散散步、种种花、饲养动物、看几本好书、和好友把酒言欢这些再简单不过的事情而已。

要找出自己真正想过的生活，其实并非难事，最直接的方法是将自己置身于一种孤独之中，不必太在乎别人的看法，你完全可以按自己的想法生活。一个人的时候，你可以问自己几个问题：

在过去的经验里，有哪些令我振奋的嗜好？比如说，维持基本的物质需求无虞，你会把剩余的时间、精力用在哪里？

我是不是花了太多的力气去追逐身外之物，或者为了满足别人，而把自己内心的真爱丢弃不顾？

人要活给自己看，就要去做自己喜欢的事。穷毕生之力做自己不喜欢的事，谈何"为自己活"？不为自己而活，人生又有什么意义可言？

真实的自己，就是真正的自我。人们活着，不知道还有另一个自己，这就如同鱼天天在水中游着，却不知有水一样。有一位诗人曾说："要爱自己，只有时时刻刻凝视着真实的自己。"然而，当代人在看自己时却模糊不清，原因是离真实的自我越来越远。如果你能每天花几秒钟发个呆，在独处时仔细看看自己的眼睛，你将发现真实的自己。

在孤独的静谧中怀一抹淡泊情怀

岁月易老,人生若欲望太多,又怎能得快乐?生活中,若懂得一个"淡"字,自然会天高海阔。

"淡泊"源于道家思想,老子曾言:"恬淡为上,胜而不美。"后人对这种"心神恬适"的意境推崇备至,一如香山居士的"身心转恬泰,烟景弥淡泊",就是对"心无杂念、凝神安适、不拘得失"这种淡泊意念的诠释和传承。

淡泊的人往往是孤独的。

"夫君子之行:静以修身,俭以养德。非淡泊无以明志,非宁静无以致远。夫学须静也,才须学也。非学无以广才,非静无以成学。怠慢则不能研精,险躁则不能理性。年与时驰,意与日去,遂成枯落,多不接世。悲守穷庐,将复何及!"这是诸葛亮的《诫子书》,千年之后我辈读起,仍有清新澄澈之感侵入心头,似一汪圣水在洗涤心灵。遥想孔明当年,必是在草庐之中久念此语,于孤独中参悟着人生的真谛。

那时的孔明尚不得志,然不为志所屈,故隐于襄阳城西隆中山静待机缘。他依山结庐,潜心耕读,精研时势,广交名士。他读史于清风明月之中,对弈于竹林涧石之旁,不问名利,不求闻达，胸中旷世之才已在那青山绿水、一张一弛间浑然成就。

那一年，刘皇叔三顾茅庐，向孔明讨教匡汉之道。孔明有感于皇叔至诚，遂道出胸中浩瀚韬略，言若想一统寰宇，必先联吴抗曹，成天下三分之势，世称"隆中对"。从此，刘备的事业出现了转机。

也是那一年，孔明随皇叔而去，走时仍不忘叮嘱家人切勿荒废农事，此去若大业有成，届时再归于田园，享这恬适之乐。这一去，造就了"鞠躬尽瘁，死而后已"的一代名相。这一去，孔明再未回还，身后未留下一分私财，却留下了流芳千古的美名，以及那一句时时警示后人的"非淡泊无以明志，非宁静无以致远"。从此，"淡泊明志，宁静致远"便成了君子修身养性的一条准则。

然而，人性毕竟太过软弱，常经不起功名利禄的诱惑。于是有人贪恋富贵，遂被富贵折磨得寝食难安；于是有人沉迷酒色，从此陷入酒池肉林，日益沉沦；于是有人追逐名利，致使心灵被套上名缰利锁，面容骤变，一脸奴相……试想，倘若众生心中能够多一些淡泊，能参透"人闲桂花落，夜静春山空。月出惊山鸟，时鸣春涧中"的意境，是不是就能在宁静中得到升华，抛弃了尘滓，从此变得清澈剔透？

纵观古今圣贤，无不以"淡泊、宁静"为修身之道。在他们看来，做人，唯有心地干净，方可博古通今，学习圣贤的美德。若非如此，每见好的就偷偷地用来满足自己的私欲，听到一句好话就借以来掩盖自己的缺点，这种行为便成了向敌人资助武器和向盗贼赠送粮食了。

金圣叹是明末清初的一位大文人，他满腹才学，却无心功名八股，安心做个靠教书评书养家糊口的"六等秀才"。在独尊儒术、崇尚理学的时风中，他偏偏钟爱为正统文人所不齿的稗官野史，被人称为"狂士"、"怪杰"。他对此全不在意，终日纵酒著书，我行我素，不求闻达，不修边幅。当时人记载，说他常常饮酒谐谑，谈禅说道，能三四昼夜不醉，仙仙然有出尘之致。

清顺治十八年二月，清世祖驾崩，哀诏发到金圣叹家乡苏州，苏州书生百余人借哭灵为由，哭于庙，为民请命，请求驱逐贪官县令任维初，这就是震惊朝野的"哭庙案"。清廷暴怒，捉拿此案首犯18人，均处斩首。金圣叹是为首者之一，自然也难逃灾厄，但他毫不在乎，临难时的《绝命词》没有一个字提到生死，只念念不忘胸前的几本书，赴死之时，从容不迫，口赋七绝。《清稗类钞》记载，他在被杀当天，写家书一封托狱卒转给妻子，家书中也只写道："字付大儿看，盐菜与黄豆同吃，大有胡桃滋味，此法一传，吾无遗憾矣。"

读书修学，在于安于贫寒心地安宁。美文佳作，却是人间真情。心地无瑕，犹如璞玉，不用雕琢，而性情如水，不用矫饰，却馥郁芬芳。读书寂寞，文章贫寒，不用人家夸赞溢美，却尽得天机妙味，体理自然。

由此可见，淡泊并非单纯地安贫乐道，也不是故作清高。淡泊实为一种傲岸，其间更是蕴藏着平和。为人若能淡看名利得失，摆脱世俗纷扰，则身无羁勒，心无尘杂，甘守孤独的一方净土，志向才能明确和坚定，不会被外物所扰。

孤独生宁静，宁静所求是心的洁净，其中禅意盎然。人心宁静，方不会流连于市井之中，不会被声色犬马扰乱心智。处于孤独，心中宁静，则智慧升华，人的灵魂亦会因智慧得到自由和永恒。

忘我，无我

老子说："宠辱若惊，贵大患若身。何谓宠辱若惊？宠为下，得之若惊，失之若惊，是谓宠辱若惊。何谓贵大患若身？吾所以有大患者，为吾有身。及吾无身，吾有何患？故贵以身为天下，若可寄天下。爱以身为天下，若可托天下。"

何为宠辱？其实，宠与辱往往是相对心境来说的。宠是得意的总集，辱是失意的代表。一个看重名利的人，一旦得意就容易忘形，忘乎所以；反之，修养不够的人在失意时也陷入悲观失落的境地。因为不能忘我，所以有所困惑。而在进入无我之境时，就会没有忧患，便可以承担大任。

"无我"并非看不到自己存在的价值，更不是对自己一点也不信任。要知道"无我"的境界是一种超然的境界，你的存在要有一定的价值，但是在你做事情的时候又不能只是单纯地考虑到自己的利益，要学会将自己与别人，甚至是社会融合在一起，只有这样你才能够真正做到"无我"，也才能够真正地让自己的内心得到平静。

一次，在课堂上，有位学生问国学大师南怀瑾爱情哲学的内涵。南怀瑾回答，人最爱的是"我"。所谓"我爱你"，那是因为我要爱你才爱你。当我不想，或不需要爱你的时候便不爱你。所以，爱便是自我自私最极端的体现。南怀瑾强调说，这里的"我"不仅仅指肉体。面对危机，壮士会选择断腕，由此，为了求生，人不愿却不得不忍痛割舍与生俱来、唇齿相依的肢体。所以，就算是自己贵重的身体，到了生死攸关之际，也不是人的最爱，就更不要说与我们山盟海誓、卿卿我我的恋人。明朝有个木有堂禅师曾写下这样的诗句"天下由来轻两臂，世间何苦重连城"，讲的就是这个道理。

人是很难到达无我之境的，也就是说"爱的最高境界是无我"。曾经，有一对夫妻同甘共苦，相濡以沫，终于走出困境。当有人问妻子："如果有来生，你还会嫁给他吗？"妻子的回答让人惊讶而赞叹："为什么要问这个，如果有来生我要变成他，要他变成我。我要品尝他为我经历的苦楚，同时让他体会被爱的幸福。"

不只爱情，人的一生中很多事都是这个道理，如生活和工作。与其将其当作一种追求，不如把它看成一种享受。面对困境，要心平气和地投入到你最感兴趣的事物中，工作也好，读书也罢，一旦全身心投入，就会慢慢忘记自己的存在。连自己都忘记了，周围的事物就自然而然地消失了。"好读书，不求甚解，每有会意，便欣然忘食"。陶渊明的读书境界，想来可能就是这个样子吧。青少年时期的毛泽东经常在闹市区看书，心无旁骛，让很多人由衷地佩服感叹。

瑞典的一户富家女儿小时候得了一种罕见的瘫痪症，打那儿以后，小女孩的双腿丧失了走路的能力。怕女儿在家会得抑郁症，父母决定带着女儿四处游玩。

一次，一家人在海上航行的时候，和蔼可亲的船长太太与小女孩聊天。尽管环游四海，看到船长家的天堂鸟，小女孩还是非常好奇，因为这只天堂鸟太漂亮了。船长太太有事离开了，女孩对那只未曾见过的漂亮天堂鸟十分着迷，萌生了要去亲自看一眼的想法。保姆走开了，不在女孩的身边。女孩按捺不住强烈的想法，于是让路过的一名船员带她去找船长。船员并不知道女孩不能行走，就只管在前面带路。因为急着看天堂鸟，看着船员在前面走，她自己竟然也慢慢地走起来。就这样，在一种忘我的状态中，小女孩的腿又能走路了。长大后，她又忘我地投入到文学创作中，创作了不少深受读者喜欢的作品。她因杰出成就获得了诺贝尔文学奖，让她成为第一位获此殊荣的女性，这个女人就是西尔玛·拉格洛芙。

修行最高的境界就是无我。不过现实生活中很少有人能够做到。太多的人偶有成绩就沾沾自喜，他的言论让人很不舒服，他的存在让人感到别扭，他的自我让人感到不爽。

自我的人生往往是狭隘的小路，让你总是有山重水复的感觉。如果在你的生活中充满的不仅仅是自我，想到的往往是别人，那么你的人生就不会那么的崎岖。修行的最高境界是忘我，也就是当你做事情的时候，第一个想到的不是自己，而是别人。如果在这个时候，你不懂得这一点，你就无法感受到人生的乐趣。

正如有人所说，领悟无我是智者的最高境界，驯服自心是修戒的最高境界，为别人着想是道德的最高境界，时时观察自己的心相是最好的教诲。无我是智者的最高境界，所以说你想要成为一个智者，或者是想要成为一个成功的人，那么就要学会让自己变得"忘我"。

刻意求静，实不能静

有些人自诩喜欢寂静而厌恶喧嚣，于是逃避人群以求得安宁，殊不知故意离开人群便是执着于自我，刻意去追求宁静实际是骚动的根源。

肖生患了严重的感冒，被送进医院治疗。他的同学们常到医院去看他。肖生病情不轻，原本结实而又活泼的他此时变得面黄肌瘦，体重减了很多，看起来仍是一副病容。他皮肤苍白，两眼无神，没有活力。他的一位同学这样描述："当你去看他的时候，你会感到他对你的健康非常忌妒，这使我在他的床边与他交谈时，感到很不自在。"

有一天，他的同学见到病房紧闭，门上挂着一个牌子：谢绝访客。

他们吃了一惊：是什么原因呢？他的病并没有生命危险啊。

是肖生请求医生挂上那个牌子的。亲友的探访不但没有使他振奋，相反，却使他感到更加沉闷，他不想跟同学们打交道。

之后，肖生把他不想与人打交道的情形告诉了同学们。他对每一个人和每一件事都有一种轻蔑之情，他觉得他们每一个人都不值一顾或荒谬可笑，他只想独个儿与他愁惨的思绪共处。

他的心中没有欢乐。由于身体的疾病而抑郁寡欢，他同时感到他正在排斥生活，弃绝世人。

那些日子对于肖生而言可说是毫无乐趣可言。他的恼怒大得使他难以忍受。

但他很幸运。一位值班护士了解他的心境。有一天，她对他说，院里有一位年轻的女病人，遭受了情感的打击，内心非常苦恼。如果他能写几封情书给她，一定会使她的精神振奋起来。

肖生给她写了一封信，然后又写了一封。他自称他曾于某日对她有过惊鸿一瞥，自那以后，就常常想到她。他在这里表示，待他俩病好之后，也许可以一同到公园里去散散步。

肖生在写这封信的时候感到了乐趣，他的健康也跟着开始好转。他写了许多信，精神抖擞地在病房里走来走去。不久，他就可以出院了。

出院的消息使他感到有些不安，因为他还没见过那位少女。他从书写那些表示倾慕之情的信中获得了很大的乐趣，他只要一想到她，脸上就现出一道爱的光彩，但他一直没有见到她，一次也没有。

　　肖生问那位护士，他是否可以到她的病房中去看她。

　　那位护士表示可以，并告诉他，她的病房号码是414。

　　但那里并没有这样的一个病房，也没有这样一位少女。

　　求得内心的宁静在于心，环境在于其次，否则把自己放进真空罩子里不就真静无菌了吗？其实，这样的环境虽然宁静，假如不能忘却俗世事物，内心仍然是一层烦杂。何况既然使自己和人群隔离，同样表示你内心还存有自己、物我、动静的观念，自然也就无法获得真正的宁静和动静如一的主观思想，从而也就不能真正达到身心都安宁的境界。

第二章
人生何处不低谷

这一切的挫折、一切的磨难,不过是种历练。人生总会有一个经历孤独的过程,在孤独中才能得到沉淀,才会越发成熟,生命的归属终究离不开孤独。

所有忍耐，只为那一次美丽绽放

作家刘墉说过这样的话："年轻人要过一段'潜水艇'似的生活，先短暂隐形，找寻目标，积蓄能量，日后方能毫无所惧，成功地'浮出水面'。"而这里所讲的短暂隐形无非就是在孤独中让自己得到沉淀，在孤独中寻找目标，然后沉淀出属于自己的能量，最终实现自己的理想。

孤独也是一种感受生活的方式吧，毕竟在温暖与安全中长大的人只感受过温馨与舒适，因为在家，有父母时刻为我们营造美好的环境，在外，有朋友时刻在帮我们制造和谐的生活。很多人并没有真正意义上感受过生命的多种滋味，不知道什么是愁，也不曾感受过生活孤独而厚重的一面。

旅行家安东尼奥·雷蒙达前往南美探险，当他历尽艰辛登上海拔四千多米的安第斯高原时，被荒凉的草地上一种巨大的草本植物所吸引了。

他马上跑了过去。那植物正在开着花儿，极是壮观，巨大的花穗高达十米，像一座座塔般矗立着。每个花穗之上约有上万朵花，空气中流动着浓郁的香气。雷蒙达走遍世界各地，从来没有见过这样的奇花，他满怀惊叹地绕着这些花细细地观赏。他发现，有的花正在凋谢，而花谢之后，植物便枯萎了！这到底是什么植物？

正当雷蒙达满心疑惑之时，在脚下松软的枯枝败草中，他踩到了一样东西，拾起一看，是一只封闭的铁罐。他撬开铁罐，从中拿出一张羊皮卷来。他小心地展开羊皮卷，上面写着字，虽然有些模糊，他还是细细地看下去。这是一篇旅行日记，日期是70年前，原来曾经有人到过这里，并关注着这种植物。日记中写道："我被这种植物吸引了，研究许久，不知它们是否会开花儿。经我的判断，它们已经生长了30年了……"雷蒙达极为震惊，难道这种植物要生长100年才会开花儿？

雷蒙达回去以后，将这件事告知了植物学家，植物学家们亲临高原考察，得出结论，这是一个新物种，它们的确是100年才开一次花！他们称这种植物为普雅。

用100年的孤独去摇曳一次的美丽，普雅花丰盈了自己的一生，也许并不是为了灿烂世人的眼睛。这样的植物从萌芽到凋零都是美丽的！因为在那百年的历程中，有多少风霜，有多少苦寒，这需要怎样的坚韧？怎样的积蓄？可以说，最后那一刻的绽放，不只是惊世之美，更是对坚守生命价值所做出的最圆满的诠释。

这个世界上，万物都有灿烂一回的时候，这是上苍赐给万物的权利。

人要比普雅花智慧和理性，人想灿烂一回的理想要比普雅花更强烈。但我们却往往承受不了沉淀生命时期的那种孤独，培养不出生命的不屈与坚韧，因而往往潦倒到困难和阻挠上。也许那困难都是我们自己无形夸大的，那阻挠其实就是我们自己送给自己的。如果说，我们能用一生一定要美丽一次的心情去经营生活，每个人都会比现在做得更好。

其实，只要我们静下心来，就会发现孤独并不是一件坏事。人只有在孤独时才能看到平时所看不到的，想到平时所想不到的，收获平时所得不到的。无论是大学者，还是大演员、大导演，他们的成功都无一例外地经历一个等待、孤独、积累的过程，在这个过程中，可能会出现许多难以承受的事情，但必须坚持，因为只要你还在走，梦想就在不远处。

孤独并不可怕，如果你能够真正地享受到孤独的好处，那么你会发现，在人生的每个阶段都会有这么一段时间是需要孤独来陪伴自己的，因为人生的每个阶段都需要你的思考，彻底平静地思考。要想做到彻底平静，那么就要让自己在孤独的环境中独处，所以不必惧怕孤独。

别怪他们在你困难时选择逃跑

人都喜欢锦上添花，所以当你一帆风顺、蒸蒸日上的时候，有很多人愿意接近你。当你遇到困难、举步维艰的时候，很多人可能会离开你。这个时候不要抱怨，不要责怪人情薄凉。对于曾经接近你的人，我们要感谢，因为他们给我们的"锦上"添了"花"；对于困难时离开的人，我们也要表示感谢，因为正是他们的离开，给我们泼了一盆足以清醒的冷水，让我们在孤独中重新审视自己，发现自己的危机，让我们有了冲破樊篱、更进一步的动力。

陈云鹤与林莹莹相恋五年有余，按照原来的约定，他们本该在今年携手走进婚姻殿堂的，但是，就在婚前不久，林莹莹做了"落跑新娘"，她留下一纸绝情书，与另一个男人去了天涯海角。

了解陈云鹤的人都知道，他与林莹莹之间的爱情九曲十八弯，甚至有些荡气回肠。

陈云鹤英俊帅气，风度翩翩，在香港科技大学完成学业以后，就回到了父亲创办的公司担任部门经理，管理着一个重要部门，由一位追随父亲多年的叔伯专门负责培养他、指导他。他行事果敢，富有创新意识，这个部门在他的管理下越发出色起来。

这个时候，追求他的姑娘、前来提亲的人家简直多得让人眼花缭乱，其中不乏当地的名门名媛，但他一概礼貌地回绝了，却唯独对来自农村的林莹莹情有独钟。

那个时候的林莹莹不但长相甜美，而且思想单纯，相比都市里雪月风花、汲于名利的女人们，她恰似一朵雪莲花不胜寒风的娇羞，这份纯朴的美让陈云鹤十分醉心。

然而，受中国传统门当户对思想的影响，陈云鹤的父母对于这种结合并不认同，陈云鹤为此与家人无数次理论过，甚至愿意为林莹莹放弃现在的一切，只求抱得美人归。在他的坚定坚持下，陈父陈母终于妥协了。

由于林莹莹的身体一直不好，医生建议他们三年之内最好不要结婚，陈云鹤只能把婚期向后推迟。三年来，他一直精心照顾着林莹莹，给了她无微不至的关爱，林莹莹的身体渐渐好了起来。

随后，为了林莹莹的事业，陈云鹤又强忍着心中的寂寞，出资安排她去国外学习企业管理。在这五年多的交往中，可以说一个男人能做的，陈云鹤几乎都做到了。

2007年，受国家货币政策影响，再加上人民币不断升值，陈家的公司受到了很大冲击。很快，公司的利润被压迫在一个很小的空间，后来，干脆成了赔本买卖。无奈之下，陈父只能申请破产。陈云鹤也由一个白马王子变成了失业青年。

任谁也没想到的是，就在陈云鹤最困难的时候，那个他曾给予无数关爱，那个他愿意为之付出一切，那个曾与他海誓山盟的女孩，决绝地提出分手，跟着一个英国男人去国外"发展"了。

公司破产，陈云鹤并没有多么难过，因为他觉得凭自己的能力，有朝一日一定可以帮助父亲东山再起，因为他觉得即便自己变成了一个穷小子，但至少还有一个非常相爱的女朋友。但是现在，他真的觉得自己一无所有了，曾有那么一段时间，陈云鹤非常颓废。

一个人独处的时候，陈云鹤反复问自己："我那么爱她，她

第二章 人生何处不低谷

为什么在这个时候离开我？"最后，他不得不接受一个残酷的事实——她太功利了，她不会跟一个身无分文的穷小子过一辈子！究竟是她变了，还是原本就如此，此刻已不重要。重要的是，接下来该做些什么。

冷静之后，陈云鹤意识到，自己必须努力了，否则才是真的一无所有。女友无情的背离也让他对爱情有了新的认知，他懂得了，爱并不是一厢情愿的冲动，有的人并不值得去爱，也不是最终要爱的人，所以放手，放任她离开，但不要带着怨恨，那只会让自己的内心永远不得安歇，为那个不爱自己的人徒留下廉价的伤感而已。

不久之后，陈云鹤找到了父亲的一位老朋友，并以真诚求得了他的资助。用这笔资金，陈云鹤在上海创办了一家投资公司，他又是学习取经，又是请高人管理，公司很快就走上了正轨。现在，陈云鹤又积累了不菲的一笔财富。

在那位叔父的撮合下，陈云鹤又结识了一位从法国留学归来的美丽姑娘，两个人一见钟情，很快确定了恋爱关系，双方的父母也都对彼此非常满意。

如果当初那个女人不离开他，或许陈云鹤就不会有如此大的动力，或许他会出去做一个高级打工者，一样能过日子。但是，她离去了，一段时间内，陈云鹤一无所有，这给了他前所未有的危机感。这种危机感鞭策着他必须去努力，似乎是为了证明些什么，但其实更是为了他自己。

曾经受过伤害的人，在孤独中复苏以后，会活得比以往更开心，因为那些人、那些事让他认清自己，同时也认清了这个世界。如果有人曾经背弃了你，无论他是你的恋人还是朋友，别忘了对他说声"谢谢"，因为正是这次背离，才让你更坚强，更懂得如何去爱，也更懂得如何保护自己。

感谢您的"最后通牒"

惧怕孤独的人容易在依附中丧失自我，独立的人虽然可能会孤独，但却能够活出生命的真意。

依附是将自我彻底埋没，在经营人生的过程中，它是一场削价行为。生命之本在于自立自强，人格独立方能使生命之树常青。依附他人而活，就算一时能博得个锦衣玉食，也不会安枕无忧。一旦这个宿主倒下，你的人生就会随之轰然倒塌。

依附对于某些人来说是一种生活的无奈，对于某些人来说是一种"好风凭借力，送我上青云"的所谓捷径，但无论如何，你要有自己站着的能力，否则就算有人真的愿意将你推向高峰，你也不可能在那挺立下去。在这个充满竞争的时代中，我们应该更多地丰盈自己的武器库，装满生存技能，才不至于一败涂地。所

第二章　人生何处不低谷

以，不要一直幻想着天降伯乐，自己才是一切问题的关键。在时间无情地流逝里，我们所能保留、能永恒的莫过于自己。

17岁那年，父母很认真、很正式地找他谈了一次话。他们说："明年，你就18岁了，是真正意义上的成年人了。一个成年人必须独立。以后你有了工作，挣了钱，不需要给我们，我们不需要你养活，但你必须养活自己。"这一番话一直深刻在他的脑海之中，时刻不敢忘记。

上了大学以后，他开始勤工俭学，自给自足，真的没有再向家里要过一分钱。那个时候，他懂得了生活的不易，也认清了自己的能力。

他的第一份勤工助学工作是清扫楼道，这是宿管阿姨介绍给他的。每天，五点左右他便起床洗漱，然后开始接近一个小时的工作。当他第一次拿到300元的报酬时，他简直是欣喜若狂，钱虽不多，但毕竟是凭自己双手挣来的。

到了大一的第二学期，他的生活更加忙碌了，为了凭自己的能力攒足学费，他又向学校申请去牛奶部送牛奶。每天天还没亮，他就得悄悄起床，要赶在大家起床之前，将还带着温度的牛奶送到同学们手中。然后，他还要去清扫楼道。

周末的时候，他要去做兼职家教，有时甚至要跑到离学校几十公里外的小镇上去。为了对别人的孩子负责，他非常认真和投入，也赢得了众多家长的好评和肯定。

自己辛辛苦苦赚来的钱主要是为了支付学费，用在吃饭上，他就觉得有点舍不得了。于是，他又跑到食堂，向负责人求情，希望能在这里打一份工，而报酬就只是免费的一日三餐。打这以后，他又像个家庭主妇一样，每次开饭，围上围裙，手拿铁盆，细心地收拾餐具，擦干净桌椅。一开始，他还有点难为情，总是千方百计躲避熟人，但慢慢地也就习惯了。

三年多的时间，他硬是靠着扫楼道、送牛奶、食堂打杂、做家教以及奖学金，以优异的成绩完成了学业，并被学校评为"励志之星"，即将毕业的时候，有多家大公司主动来到学校抢他。如今，他已经在一家大型企业当上了副总经理。

回想起父母在他即将成年时下的"最后通牒"，他至今仍倍感亲切并充满感谢。

自食其力，多么简单、朴素的道理，但又有几个父母做得到，又有几个人愿意自食其力呢？如果一个人能够尽早懂得在人格上自尊独立的道理，就会形成一种无形的压力和紧迫感，并将之转化为一种动力，迫使自己不断地去学习、去进步，从而获得谋生的真本事。虽然这个过程可能有点痛苦，有点孤独，但却是成长的必要。

她的父母都是普通工人，但他们深知知识的重要性，所以对女儿寄予了极大的期望，而懂事的女孩也立志要考上一所好大学，给父母争口气。

然而不幸却毫无征兆地降临到这个家庭。她六岁那年，父亲在加夜班时被铁屑伤到了眼睛，左眼失明了；11岁那年，父亲因

第二章　人生何处不低谷

肾积血手术摘掉了左肾，再也无法从事繁重的体力劳动；初一那年，母亲下岗了，家里唯一的经济来源就只是父亲每月的200元的工伤补助。对她来说，那段时间的天空都是灰色的，连空气似乎都变得特别压抑。这样的一个家已经无力去重点培养孩子，她毅然决定：去打工，自己供自己上学！

她从同学那借来50元钱，去批发市场进了一些小装饰品，准备利用午休时间在校门口摆个小摊子。没想到，看似平常的事情待到自己要做时，却是那么的艰难。那天，她竟没有胆量从包里拿出货物。可是如果这些饰品卖不出去，就连向人借来的50元钱都无法偿还了！

第二天中午，她选了一个离学校稍远一些的地方，摆好货物，却怎么也张不开嘴，喊不出来。好半天以后，有个同学走了过来，问她："这东西是卖的吗？"她急忙点了点头。那天，她赚了一毛钱，这是她赚到的第一个一毛钱。她深深体会到了父母的艰辛。

这个月，她一共赚了八十多块钱，她用25块钱买了一本向往已久的《百年孤独》。走出书店的那一刻，她觉得天是那样的蓝，空气中也充满了清新的味道。回到家以后，父亲吃惊地问她钱是从哪儿来的，她这才道出了实情。父亲什么也没说，但他的嘴角在不停地颤抖，他是在努力控制自己的情绪。一个星期以后，父亲开始在夜市上摆地摊卖货，他是在用行动无声地对女儿表示鼓励。

就这样，依靠着自食其力，她一直坚持没有辍学，并且以高考作文满分，总分 600 分的好成绩，考上了哈尔滨工程大学。

这个女孩叫曹姝媛，18 岁时，她被批准加入中国共产党。她感恩社会，全心全意回报社会。2006 年大学毕业后，她把自己第一年积攒的 6000 元钱捐助给了一位特困生。参加工作后，她先后被山东核电有限公司评为优秀共产党员和优秀共青团干部。

应该说曹姝媛是不幸的，因为不幸从小就纠缠着她；应该说曹姝媛也是幸运的，因为正是那些不幸让她认识了生活。

幸福与美好固然可爱，然而苦难与坎坷亦不可憎。如今太平盛世，春风浩荡，享乐不尽，又有谁不喜欢这无尽的欢乐呢？相比先辈们，这一代人是幸运的，但在这幸运之中是否该有些忧患意识呢？不要让时代宠坏了我们，不要让自己越发的脆弱。苦难中的奋斗也许是孤独无助的，但却能够锻造我们的意志品质和精神力量。

在人生的关键阶段，那些"逼迫"我们成长、成熟的人，才是真正为我们前途着想、真正爱护我们的人；那些"逼迫"我们成长、成熟的事，是我们的福、是我们的财富。如果他们不向我们发出自食其力的"最后通牒"，那么早晚复杂的社会也会向我们发出更为严苛的"最后通牒"。道理很简单，没有人可以替你支撑一生，你的一生只能由自己负责，而且是负全责。

依附于人，不如依靠自己

一只住在山上的鸟与住在山下的鸟在山脚下相遇。山上的鸟说："我的窝刚搭好，参观参观吧。"山下的鸟便跟着去了，到那一看：什么鸟窝，不就是光秃秃的石缝里放着几根干草吗？

"看我的去。"山下的鸟带着山上的鸟来到一家富人的花园。

"看，那就是我的窝。"山上的鸟仰头望去，果然看到一只精致的木制鸟窝悬挂在紫荆树梢，那窝左右有窗，门面南而开，里面铺着厚厚的棉絮。

山下的鸟自豪地说："像我们这种鸟，有漂亮的羽毛，叫声又不赖，找个靠山是非常容易的。假如你愿意，以后我给你说说，搬这儿来住。"

山上的鸟没有回答，展翅飞走了，再没有回来。

不久后的一天，山上的鸟正在石缝窝里睡觉，听到门口有叫声，伸头一看，山下的鸟正狼狈地站在那儿。它身上的羽毛已不平整，哭丧着脸对山上的鸟说："富翁死了。他的儿子重建花园，把我的窝给拆了。"

山下那只鸟依附在富翁家中，虽有一时的光鲜，却终敌不过石缝中的几根干草。所以说，与其依附他人，不如好好利用自身资源。求人往往需要付出很大代价，比起向内求己，哪个成本更高？

人不自助，天不佑护。上天都不佑护的人，谁又能庇护得了？理想人格的锻造有赖理想实现的过程。这个历经坎坷的过程只能由自己来完成。所以别总想着依附别人，因为即使是你的影子，也会在黑暗的时候离开你。依赖会使人陷入人生的枯井，再也跳不出来，那是你精神上的枯井，没有人能够帮助你。

有一头倔强的驴，有一天，这头驴一不小心掉进一口枯井里，无论如何也爬不上来。他的主人很着急，用尽各种方法去救它，可是都失败了。十多个小时过去了，他的主人束手无策，驴则在井里痛苦地哀号着。最后，主人决定放弃救援。

不过驴主人觉得这口井得填起来，以免日后再有其他动物，甚至是人发生类似危险。于是，他请来左邻右舍，让大家帮忙把井中的驴子埋了，也好解除驴的痛苦。于是大家开始动手将泥土铲进枯井中。这头驴似乎意识到了接下来要发生的事情，它开始大声悲鸣。不过，很快地，它就平静了下来。驴的主人听不到声音，感觉很奇怪，他探头向下看去：那头驴子正将落在它身上的泥土抖落一旁，然后站到泥土上面升高自己。就这样，填坑运动继续进行着，泥土越堆越高，这头驴很快升到了井口。只见它用力一跳，就落到了地面上，在大家赞许的目光下，高兴地跑开了。

如果你陷入精神的枯井中，就会有各种各样的"泥土"倾倒在你身上。不要在苦难中哀号，就像参加自己的葬礼一样，如果你还想绝处逢生，就要想方设法让自己从"枯井"中升出来，让那些倒在我们身上的泥土成为成功的垫脚石，而不是我们的坟墓。

要飞翔，就要依靠自己的力量

一阵大风吹过，叶子脱离了树枝，飞向了天空。

"我会飞了！我会飞了！"叶子兴奋地大声叫嚷，"我可以飞上天了！"

叶子张扬地盘旋着，旋过一棵棵树，俯视着栖息在电线上的鸟儿。

"哈哈，我飞得比你们高。"叶子忘乎所以。

然而风突然停了，叶子失去了托力，逐渐坠落，最后落在一个小泥坑中，随即被过路的车轮碾过，粉身碎骨。

一只鸟感慨地对它的孩子说："看到了吧，如果不依靠自己的力量，风既可以把你吹上天，也可以让你落进烂泥潭。要飞翔，就必须依靠自己的力量。"

是的，要飞翔，就必须依靠自己的力量。人是社会的，更是自己的。我们没有资格要求别人为自己做什么、奉献什么。实际上求人不如求己，父母兄弟也好，亲戚朋友也罢，虽说是我们生活中最亲近的人，但并不是我们生活的完全寄托者，脚下的路还得自己走，再多的苦也应该自己扛，谁也替代不了，谁也无法代替你去感受。

这个世界上没有谁是你真正的靠山，你真正可以依靠的只能是你自己。所以当人生遭逢苦难之时，不要一心只想着去找"救命稻草"，给自己留一些孤独时光，静下心来问问自己："我能做什么，我会因此而得到什么？"你的未来还需要你自己去努力。

有个中国大学生以非常优秀的成绩考入加拿大一所著名学府。初来乍到的他因为人地两疏，再加上沟通存在一定障碍、饮食又不习惯等原因，思乡之情越发浓重，没过多久就病倒了。为了治病，他几乎花光了父母给自己寄来的钱，生活渐渐陷入困境。

病好以后，留学生来到当地一家中国餐馆打工，老板答应给他每小时十加元的报酬。但是，还没干到一个星期他就受不了了，在国内，他可从来没做过这么"辛苦"的工作，他扛不住了，于是辞了工作。就这样，他不时依靠父母的帮助，勉勉强强坚持了一个星期，此时他身上的钱已经所剩无几。所以在放假那会儿，他便向校方申请退学，急忙赶回了家乡。

当他走出机场以后，远远便看到前来接机的父亲。一时间，他的心中满是浓浓的亲情，或许还有些委屈、抱怨——他可从来没吃过这么多的苦。父亲看到他也很高兴，张开双臂准备拥抱许久不见的儿子。可是，就在父子即将拥在一起的刹那，父亲突然一个后撤步，儿子顿时扑了个空，重重地摔倒在地。他坐在地上抬头望着父亲，心中充满了迷惑：难道父亲因为自己退学的事动了真怒？他伸出手，想让父亲将自己拉起来，而父亲却无动于衷，只是语重心长地说道："孩子你要记住，跌倒了就要自己爬起来，这个世界上没有任何一个人会是你永远的依靠。你如果想要生存、想要活得更好，只能靠自己站起来！"

听完父亲的话，他心中充满惭愧。他站起来，抖了抖身上的灰尘，接过父亲递给自己的那张返程机票。

他不远万里匆匆赶回家乡，想重温一下久违的亲情，却连家门都没有踏入便返回了学校。从这以后，他发奋努力，无论遇到多少困难、无论跌倒多少次，都咬着牙挺了过来。他一直记着父亲的那句话："没有任何一个人是你永远的依靠，跌倒了就要自己爬起来！"

一年以后，他拿到了学校的最高奖学金，而且还在一家具有国际影响力的刊物上发表了论文。

别把太多的希望寄托在别人身上，没有人会永远保护你，父母终究会老去，朋友都会有自己的生活，所有外来的力量必然日渐远离，所以我们要学着给自己温暖和力量，遇到困难不要灰心、不要忧郁，越是孤单越要坚强，生命的负重还要你来托起。

你要懂得，没有人替你勇敢，没有人可以一辈子为你而活，所以要自己学会坚强。

自己的苦，最终只能自己扛

"滴自己的汗，吃自己的饭，靠人，靠天，靠祖上，不算好汉。"人不能拒绝长大，很多的事情只有自己去解决，事事依赖他人，就好像坐着轮椅生活，一旦这个轮椅丢失，将会寸步难行。

人生是这样的，要爬过一座座山，迈过一道道坎，拐过一道道弯，假如我们不能自立，那么你翻不过山、迈不过坎、转不过弯。如果你无法面对这一切，不能抵抗无人帮扶的孤独，而是像祥林嫂一样为自己的遭遇悲悲戚戚，生活就会把你的幸福埋葬。

人生这条路上，再多的苦，只能由自己来扛。

一条小巷，一个女人，一小罐煤气，一张简单的操作平台，凑成了一道独特的风景。

她只卖三样小炒：尖椒肉丝，尖椒牛柳，尖椒炒鸡蛋，菜式单一，顾客却不少。

她很干净，每过一会儿就会换一下围裙，换一下袖套；她很雅致，每卖一份小炒，就在装菜的快餐盒里放上一朵自己雕刻的萝卜花。"这样装在盒子里的，才好看。"她说。

也许是冲着她的小摊干净，也许是冲着雅致的萝卜花，也许是冲着她长得好看，每到饭点，她的摊前都围满了人。6～10元一份的小炒，大家都耐心地等待着。女人娴熟地翻炒着，那样子就像一个贤惠的家庭主妇，整个过程都让人感到亲切和美丽。于是，一朵一朵素雅的萝卜花就开到了人们的饭桌上。

女人是个有故事的人。她曾经有个富裕的家，老公在市中心的繁华街段开了一间商铺，生意很是不错。她原本的工作就是相夫教子，闲时和姐妹们逛逛街、旅旅游，生活得轻松而惬意。然而很不幸，她的老公因为酒后驾驶出了事故，医院当场就下了病危通知。女人几乎倾尽所有，赔人家的钱，救自己的老公，最终也只是捡回了男人的半条命——他截肢了。

生活从此一贫如洗。年幼的孩子，瘫痪的男人，女人得一肩扛一个。有人曾劝女人带着孩子离开，这话就连她的老公也曾说过。她很认真地告诉他们，不要再说这样的话，无情无义的事情她做不到。

她不能出去工作，因为朝九晚五的制度让她无法照顾老公和孩子。她长得美丽，有人曾想让她做情人，她严词拒绝了。但一家人总不能就这样活活饿死吧。想了又想，她决定摆摊卖小炒，虽然会很累，虽然会让熟人看不起，但只要中午和傍晚两个饭点出来就可以了，她有更多的时间照顾家里那不能自理的两个人。

老公说，街上那么多家饭店，你这家庭主妇的手艺能卖得出去吗？女人一想，也是，总得有个让人记着的卖点吧。于是她想到了萝卜花，她从小手就巧，以前生活清闲，有大把的时间布置一顿雅致的晚餐，她总喜欢雕萝卜花做装饰。一根根再普通不过的胡萝卜、"心里美"萝卜，到了她的手里，就能开出一朵朵美丽的小花。女人为自己的这个小"创意"，暗自欣喜了一番。

就这样，她的小摊子摆开了，而且很快成了这条街上的一道独特风景。街上的人如果不愿意做菜，自然而然就会想到她的萝卜花。她的生意就这样慢慢红火起来了。有人开玩笑地问女人，这么好的生意，攒了不少钱吧？她笑而不答。

不到两年的光景，女人竟出人意料地盘下了一家临街的饭店，用她积攒的钱。她在后厨配菜，她的瘫痪男人则在前台管账。她还是那样干净、雅致，所有的菜肴里依然会放上一朵她雕刻的萝卜花。

"菜不但是吃的，也是用来看的。"她说，眼波明亮，流光溢彩。一旁的男人气色也很好，丝毫不见颓废的样子。

女人的饭店也渐渐出了名，提起萝卜花，大家都知道。

生活也许会让你陷入孤苦无助的低谷，但如果你能用自己的双肩把生活的苦扛起来，低谷中也能盛开美丽的花。

逆境，不意味着绝境，更何况还能"置之死地而后生"。是生是死，一切都决定于我们自己。谁能直面人生的惨淡，敢于正视鲜血的淋漓，那么所有的一切对他来说，不过就是一场挫折游戏。

人不要习惯地将自己的不幸归责于外界因素，不管外部的环境怎样，怎么活，那还是取决于我们自己。不要总是像祥林嫂一样反复地问自己那个无聊的问题："怎么会，为什么……"这样的自怨自艾就是在给自己的伤口撒盐，它非但帮不了你，反而会让自己觉得命运非常悲惨。那种沉浸在痛苦中的自我怜悯，对我们没有任何好处。

白棋是我，黑棋是我，赢家自然是我

有人问大师："大师，一个人最害怕什么？"

"你认为呢？"大师反问道。

"是孤独吗？"

大师摇了摇头："不是。"

"那是委屈？"

"也不是。"

"是绝望？"

"不是。"

困难、魔鬼、噩梦……这个人一连说了十几个，大师一直摇头。

"那大师您说是什么呢？"这个人实在不知道了。

"就是自己！"大师高深莫测。

"自己？"这个人抬起头，睁大了眼睛，好像明白了什么，又好像什么也没明白，直直地盯着大师，渴求点化。

"是的。"大师笑了笑，"其实你刚刚说的孤独、误解、绝望等，都是你自己内心世界的影子，都是你自己给自己的感觉罢了。你对自己说'这些真可怕，我承受不住了'，你就真的会害怕。如果你告诉自己'没什么好怕的，多大点事儿啊'，就没什么能够难得倒你。一个人若连自己都不怕，他还会怕什么呢？所以，使你害怕的其实并不是那些想法，而是你自己！"

这个人顿如醍醐灌顶。

人之一生，是一趟没有回程的旅行，沿途既有数不清的坎坷泥泞，也有看不完的美丽风景。是泥泞，是风景，要看心情，心晴的时候，雨也是晴，心雨的时候，晴也是雨。

也许当前的状况无法改变，但我们至少可以调整心情；或许我们无法改变风向，但我们至少可以调整风帆——战胜了自己的心，你才能在孤独的旅程中走得从容。

孤独从他18岁就开始了。那一年他应征入伍，然后被分配到一个孤岛上驻守，这里只有他一个人，一把枪，一只狗，除了定期开来的补给船，他连人的味道都闻不到。就这样的日子，他居然乐呵呵地过了三年。

随后，他被调了回来，慢慢从班长、排长一路干到营长。然而一个意外又让他回到了孤独点上。他的妻子忍受不了寂寞，丢下他和孩子去了远方。为了能够更好地照顾孩子，他转业离开了部队。

后来，他找了一份在深山老林里当护林员的工作，这也是一份非常孤独的差事。他半个月才回老家一次，看看老人，看看孩子。他经常从这座山爬到那座山也看不见一个人。

即便如此，老天还是跟他过不去——他寄居在乡下父母身边的儿子因为贪玩溺亡了。二位老人被愧疚和丧亲之痛折磨着，不久也相继离世了。从此，他对山外似乎再也没有了牵挂，而山外的人们又有谁会记得这样一个人呢？他在一年一年的孤独中老去。

三十多年以后，一辆从北京开来的电视采访车驶进了这座深山。原来，在看林子的这三十多年里，为了解闷，他看了许多植物学方面的书籍，平时在林子里巡护，他也会对照书上的图谱进行观察、研究。几个月前，他发现了一种国内外从未记载的珍稀植物，他把这种植物的照片和自己写的说明寄给了山外的战友，战友把它寄到了国外一家权威杂志，然后发表了。

然而，当记者了解到他的人生经历以后，所震撼的已不再是他的重大发现，而是在这孤独得只能对着大山空语的日子里，他是怎样让自己一直活得如此生动的。

在记者抛出这个问题以后，他想了想，说："我总是自己和自己下棋，执白棋的是我，执黑棋的也是我。这样，不管是白棋赢还是黑棋赢，最终赢的人都是我。"

听者无不沉思、点头。

无论命运带来多少灾难，无论这一生是怎样的孤独，只要坚信自己就是胜利者，只要在孤独中从容地行走，别人，甚至命运，都无法否定你。给你胜利的，是你自己的理想、信念和毅力。

有希望，便无绝路

在人生的征途上，我们需要保留的东西有很多，这其中有一样千万不能遗忘，那就是希望。希望是宝贵的，它犹如孕育生命的种子，可以随处发芽。只要抱有希望，生命便不会枯竭。

有个突然失去双亲的孤儿，生活过得非常贫穷，今年唯一能让他熬过冬天的粮食，就只剩下父母生前留下的一小袋豆子了。

但是，此刻的他却决定要忍受饥饿。他将豆子收藏起来，饿着肚子开始四处捡拾破烂，这个寒冬他就靠着微薄的收入度过了。也许有人要问，他为什么要这么委屈或折磨自己，何不先用这些豆子充饥，熬过了冬天再说？

或许，聪明的人已经猜到了，原来整个冬天，孩子的心中充满着播种豆苗的希望与梦想。

因此，即使这个冬天他过得再辛苦，他也不曾去触碰那袋豆子，只因那是他的"希望种子"。

第二章 人生何处不低谷

当春光温柔地照着大地，孤儿立将那一小袋豆子播种下去。经过夏天的辛勤劳动，到了秋天，他果然得到丰富的收获。

然而，面对这次的丰收，他却一点也不满足，因为他还想要得到更多的收获，于是他把今年收获的豆子再次存留下来，以便来年继续播种、收获。

就这样，日复一日，年复一年，种了又收，收了又种。

终于，孤儿的房前屋后全都种满了豆子，他也告别了贫穷，成为当地最富有的农人。

凡是看得见未来的人，也一定能掌握现在，因为明天的方向他已经规划好了，知道自己的人生将走向何方，只是我们太多的人在厄运面前丧失了希望。其实厄运往往是命运的转折，你战胜它就能成就新的命运，而一味埋怨、自暴自弃，厄运就不会成为幸运。所以当你感到彷徨无助，甚至想要自我放弃时，不妨想想卡夫卡的那句话："不要绝望，甚至对你并不感到绝望这一点也不要绝望。恰恰在似乎一切都完了的时候，新的力量毕竟要来临，给你以帮助，而这正表明你是活着的。"

我们这一生所要走的路，基本不会是一条笔直平坦、风和日丽的康庄大道，不知道什么时候，生命中的暴风雨就会降临，但即便如此我们也不能放弃。无论身处何种危险境地，我们都不可以放弃心中的希望。其实所谓厄运并没有那么可怕，它虽然能给意志薄弱者以致命的打击，但对于意志坚强者更是一种锤炼。人应该具有这样一种气概：以淡定从容来应对凄风苦雨，以无所畏惧来迎接魑魅魍魉。那么对你来说，人生便不会再有不可突破的绝境，因为人生真正的厄运是绝望，而不是厄运本身。

或许你一路走来真的很艰辛，其中的酸甜苦辣只有你自己知道，但只要你能做到"不抛弃，不放弃"，就会有希望。假如命运对你真的很不公平，它折断了你航行的风帆，那也不要绝望，因为岸还在；假如它凋零了美丽的花瓣，同样不要绝望，因为春还在；假如你的麻烦总是接踵而至，还是不要绝望，因为路还在、梦还在、阳光还在、我们还在。生活需要我们持有这种乐观的心态，只有这样我们才能发现它的美好。生活是具有两面性的，纵然是在令人痛不欲生的苦难中，也蕴涵着细微的美妙，虽然它很细微，但只要你有一双发现美的眼睛，就能在厄运中抓住人生前行的希望。如果你能留住心中的"希望种子"，你的前途必然无可限量，因为心存希望，任何艰难都不会成为我们的阻碍。只要怀抱希望，生命自然会激情绽放。

第三章
向人迹罕至的地方走，不必与谁同行

生命的成就往往取决于你敢不敢往人少的地方走。人迹罕至的地方可能会很孤独，可能会隐藏着未知的风险，但因为没有人或少有人来过，留给你的才有可能是累累硕果。

一个人的时候想一想，以后该往哪里走

如果生活是毫无目的的，那就是一种堕落。如果连自己都不知道下一步该怎么走，那就是浑浑噩噩。给自己留一些孤独时光，静下心来想一想，以后该走那条路。

刘易斯·卡罗尔的《爱丽丝漫游奇境记》中有这样一个场景。

爱丽丝问猫："请你告诉我，我该走哪条路？"

"那要看你想去哪里？"猫说。

"去哪儿都无所谓。"爱丽丝说。

"那么走哪条路也就无所谓了。"猫说。

因为去哪儿无所谓，所以走哪条路都无所谓，这是很多人的生活写照，因为没有目标，所以索性走一步算一步，自己不知道该怎样做，别人也帮不了他们，而且就算别人说得再好，那也是别人的观点，不能转化成他们的有效行动。

在这种浑浑噩噩的日子中，你主动忽略了很多目标。在这些目标中，有相当一部分出现得很自然，如果你愿意去争取，那么实现起来不是难事，对于提高你的生命质量也是意义非常，但你并没有这样做，因为你思想上的堕落和懒惰。

第三章 向人迹罕至的地方走，不必与谁同行

一个明确的目标是所有成就的起点。那么接下来，你需要做一个关于"完整目标设定"的思考，因为你只有知道自己想要的是什么以及用什么样的方法得到，才有机会获得成功。

当然，这首先要求你对自己有一个正确的认知。你的心中要有一杆秤，别称轻了自己，那就很容易自卑；也别称重了自己，那就难免要自负；唯有称得恰如其分，才能实事求是地认知自己，知道自己的斤两，才能给自己一个准确的定位。

帕瓦罗蒂出生在意大利的一个面包师家庭。他的父亲是个歌剧爱好者，他常把卡鲁索、吉利、佩尔蒂莱的唱片带回家来听。耳濡目染，帕瓦罗蒂也喜欢上了唱歌。

小时候的帕瓦罗蒂就显示出了唱歌的天赋。长大后的帕瓦罗蒂依然喜欢唱歌，但是他更喜欢孩子，并希望成为一名教师。于是，他考上了一所师范学校。在师范学习期间，一位名叫阿利戈·波拉的专业歌手收帕瓦罗蒂为学生。

临近毕业的时候，帕瓦罗蒂问父亲："我应该怎么选择？是当教师呢，还是成为一个歌唱家？"他的父亲这样回答："卢西亚诺，如果你想同时坐两把椅子，你只会掉到两个椅子之间的地上。在生活中，你应该选定一把椅子。"

听了父亲的话，帕瓦罗蒂选择了教师这把椅子。不幸的是，初执教鞭的帕瓦罗蒂因为缺乏经验而没有权威。学生们就利用这点捣乱，最终他只好离开了学校。于是，帕瓦罗蒂又选择了另一把椅子——唱歌。

17岁时，帕瓦罗蒂的父亲介绍他到"罗西尼"合唱团，他开始随合唱团在各地举行音乐会。他经常在免费音乐会上演唱，希望能引起某个经纪人的注意。

可是，近七年的时间过去了，他还是无名小辈。眼看着周围的朋友们都找到了适合自己的位置，也都结了婚，而自己还没有养家糊口的能力，帕瓦罗蒂苦恼极了。偏偏在这个时候，他的声带上长了个小结。在菲拉拉举行的一场音乐会上，他就好像脖子被掐住的男中音，被满场的倒彩声轰下台。失败让他产生了放弃的念头。

然而，冷静下来的帕瓦罗蒂想起了父亲的话，于是他坚持了下来。几个月后，帕瓦罗蒂在一场歌剧比赛中崭露头角，被选中于1961年4月29日在雷焦埃米利亚市剧院演唱著名歌剧《波希米亚人》，这是帕瓦罗蒂首次演唱歌剧。演出结束后，帕瓦罗蒂赢得了观众雷鸣般的掌声。

第二年，帕瓦罗蒂应邀去澳大利亚演出及录制唱片。1967年，他被著名指挥大师卡拉扬挑选为威尔第《安魂曲》的男高音独唱者。

从此，帕瓦罗蒂的声名节节上升，成为活跃于国际歌剧舞台上的最佳男高音。

当一位记者问帕瓦罗蒂成功的秘诀时，他说："我的成功在于我在不断地选择中选对了自己施展才华的方向，我觉得一个人如何去体现他的才华，就在于他要选对人生奋斗的方向。"

第三章　向人迹罕至的地方走，不必与谁同行

虽说条条大路通罗马，但最终你能选择的只有一条。你必须让自己静下来，在头脑中清晰地勾画出一张未来的蓝图，你要知道以后该走哪条路，以及这条路该怎么走。

留意那个人迹罕至的角落

美国康奈大学的威克教授做了一个有趣的实验：把六只蜜蜂和六只苍蝇装进同一个玻璃瓶中，然后将瓶子平放，让瓶底朝着明亮的窗户。接下来会发生什么情况呢？蜜蜂和苍蝇能够逃出瓶子吗？

你会看到，由于蜜蜂习惯向着光亮的方向飞行，因此它们不停地想在瓶底上找到出口，一直到它们力竭倒毙或饿死；而苍蝇则会在很短的时间里，穿过另一端的瓶口逃逸一空。事实上，正是由于蜜蜂对光明的情有独钟才导致它们的灭亡。而那些苍蝇则不管亮光还是黑暗，只顾四下乱飞，反而误打误撞找到了出口，获得了新生。

其实，人们的认知也常常跟蜜蜂犯一样的错误，总是认为出口的地方一定是光明的。然而就像蜜蜂面对玻璃一样，这种出口在明处的定律有时候反而是错误的。在我们追寻成功的路上，我

们也不免要在黑暗中摸索，这时候，我们不要一味去光明处寻找出口，也要留意一下角落。

李开复在攻读博士学位时，他的导师是语音识别系统领域里的专家罗杰·瑞迪。当时，人们普遍认为"人工智能"才是未来的方向，而导师正是这方面的专家，李开复跟他学习，有着很光明的前途。

但是，李开复却觉得用人工智能的办法研究语音识别没有前途。因为人工智能的办法就像让一个婴儿学习，但在计算机领域来说，"婴儿能够长大成人，机器却不能成长"。

于是，李开复没有跟着导师走，而是告诉罗杰·瑞迪，他对"人工智能"失去了信心，要使用统计的方法。导师是个很好的人，他说："我不同意你的看法，但我支持你的方法。"

于是，李开复开始了自己的摸索。他那时候每天工作大约17个小时，一直持续了大约三年半。通过努力，李开复把语音系统的识别率从原来的40%一下子提高到了80%。罗杰·瑞迪惊喜万分，他把这个结果带到国际会议上，一下子引起了全世界语音研究界的轰动。

后来，李开复又将语音识别系统的识别率从80%提高到了96%！直至李开复毕业以后多年，这个系统一直蝉联全美语音识别系统评比冠军。在人们都认为"人工智能"才是光明的出口的时候，李开复却留意着那个人迹罕至的角落，用统计学的方法找到了更美好的未来。

第三章　向人迹罕至的地方走，不必与谁同行

很多事情就是这样，在成功之前，谁也不知道哪一条路走得通、哪一条路走不通，谁也不知道哪个方向是通向出口的捷径。所以说，光明的地方未必就一定通向成功，角落里的路也未必不是终南捷径。

一家生产牙膏的美国公司有一年遇到了经营问题，每个月都维持同样的业绩，迟迟不能突破。公司的领导层非常不满意，董事长为此想了很多办法，但是情况始终没有改善。

后来董事长决定群策群力，于是他召集了全部管理层人员，以商讨对策，解决这个难题。

会议中，人们七嘴八舌，提出了很多办法。有人说，要加大宣传力度，在电视和报纸上做铺天盖地的广告；还有人说，要搞促销活动，提高消费者的忠诚度……

这些意见都被否决了，因为在此之前，董事长已经用过这些办法，并不奏效，公司能想到的几乎全都做了。

此时，有名年轻的经理站起来，对董事长说："我有一个办法，若您使用我的建议，一定能打开局面！"

老板非常开心地说："好，如果你的办法真的有效，我马上签一张十万元的支票奖励你！""老板，我的建议只有一句话，"这位年轻的经理说，"将现有的牙膏开口扩大一毫米！"

老板听完，马上签了一张十万元的支票给他。

其他人都把目光放在自己的公司上，提出了各种措施，以为这就是解决问题的方向。这位聪明的年轻经理却走向了另一个方

向寻找出口,在消费者身上"打起了主意"。人们刷牙时,总喜欢按照一定的长度使用牙膏,却很少关心牙膏的直径。他的方法能使消费者每天多用1mm的牙膏,这不起眼的1mm其实是一个巨大的数字,这个办法显然能提高产品的销量。

思路决定出路,当事情无法解决时,我们不妨试着离开原先的方向,换个角度想问题,说不定难题就会迎刃而解,而成功则不期而至。

别人都认为"对"的事情,我就想问个"为什么"

从前人的定论中,提出自己的疑问,才能够发现前人的不足之处,才能够产生自己的新观点。世界上很多功业都源于"疑问",质疑便是开启创意之门的钥匙。

认清这一点对做学问的人来说尤为重要。我们来看看"学问"这个词,它所表达的意思就是"多学多问",就是要善于发现问题,然后才能通过努力解决问题,这样,学问才能有所进步。

一位大师弥留之际,他的弟子都来到病榻前,与他诀别。弟子们站在大师的面前,最优秀的学生站在最前边,在大师的头部,

第三章 向人迹罕至的地方走，不必与谁同行

最笨的学生就排到了大师的脚边。大师气息越来越弱，最优秀的学生俯下身，轻声问大师："先生，您即将离开我们，能否请您以最简捷的话告诉我们，人生的真谛是什么？"

大师酝酿了一点力气，微微抬起头，喘息着说："人生就像一条河。"

第一位弟子转向第二聪明的弟子，轻声说："先生说了，人生就像一条河。向下传。"第二聪明的弟子又转向下一位弟子说："先生说了，人生就像一条河。向下传。"这样，大师的箴言就在弟子间一个接着一个地传下去，一直传到床脚边那个最笨的弟子那里，他开口说："先生为什么说人生像一条河？这是什么意思呢？"

他的问题被传回去："那个笨蛋想知道，先生为什么说人生像一条河。"

最优秀的弟子打住了这个问题。他说："我不想用这样的问题去打扰先生。道理很清楚：河水深沉，人生意义深邃；河流曲折百转，人生坎坷多变；河水时清时浊，人生时明时暗。把这些话传给那个笨蛋。"

这个答案在弟子中间一个接着一个传下去，最后传给了那个笨弟子。但是他还坚持提问："听着，我不想知道那个聪明的家伙认为先生这句话是什么意思，我想知道先生自己的本意是什么。'人生像一条河'，先生说这句话，到底要表达什么意思？"

因此，这个笨弟子的问题又被传回去了。

那个最聪明的学生极不耐烦地再俯下身去，对弥留之际的大师说："先生，请原谅，您最笨的弟子要我请教您，您说人生就像一条河，到底是什么意思？"

学问渊博的大师使出最后一点力气，抬起头说："那好，人生不像一条河。"说完，他双目一闭，与世长辞了。

这个故事说明了什么呢？

如果那个"笨学生"没有提出疑问，又或者大师在回答之前死去，他的那句话"人生就像一条河"也许就会被奉为深奥的人生哲学，他的忠实门生们会将这句话传遍天下，可能有人也会以此为题著书、拍电视，等等。但大师的本意是什么？无从得知。

或许我们可以做这样的猜想：大师在生命的最后时刻想要告诉学生——真理与空言之间往往没有多大的差异。在接受别人所谓的箴言或者板上钉钉的道理时，要在头脑中多想想"为什么"，不要怕提出"愚蠢"的问题，也不要被专家们吓倒，质疑是每个人拥有的权利，也是人类进步的助推器。如果没有质疑，我们看不到达尔文的"人猿同祖论"，看不到哥白尼的"日心说"。

遗憾的是，现在的很多人并不善于质疑，更不善于发现，他们拘泥于书本上的内容，完全地照本宣科，凡是书本上说的，就是正确的，凡是权威人士认定的，就绝不会有错。事实上，这些人不可能做出什么有创意的事情，而且若是这样的人多了，人类的文明也就会停滞不前。

从哲学的角度上说，办任何事情都没有一定之规，人生要的就是突破，突破过去就是成功。只是我们之中很多人在处理问题时，习惯性地按照常规思维去思考，一味固守传统，不求创新，不敢怀疑，所以往往会走入人生的死胡同。

我们要做到不固守成法，就要敏于生疑，敢于存疑，能于质疑，并由此打破常规、推陈出新。当然，推陈出新必然会存在风险，因而，我们应允许自己犯错误，并从错误中吸取经验、教训，借以弥补自己的不足。不过，不固守成法也并不意味着盲目冒险，做任何创新性举动之前，我们都应做好充分的评估与精确的判断，将危险成本控制在合理的范畴之内，使变通产生最好的效果。

我们为了避险而盲目跟风，因为盲目所以走错路

大海里的鱼类是企鹅丰富的食物来源，也是企鹅族群能够存活下来的保证。但是，在冰冻的海平面之下，除了食物以外，也有死亡的威胁，那就是黑虎鲸。

这样一来，企鹅就面临难题了：下海还是不下海？如果下海，而此时冰下潜伏着一头黑虎鲸，那么自己有可能成为被吃掉的那一个；可是如果不下海，真的很饿。

想知道水下是否有黑虎鲸只有两个方法：一是潜入水中，亲自探寻一下，倘若没有便可大快朵颐；二是一直在岸上等着，等某个耐心不够或饿急了的企鹅一头扎进水里。所以，企鹅们每天都会玩这种耐力比拼的游戏，等待某个胆大的企鹅去为自己探路。如果先下去的企鹅入了鲸口，那么其他企鹅就会继续站在原地。只有确定没有危险，其他企鹅才会纷纷下海，填饱自己的肚子。

其实有时候我们的思维很像企鹅，当我们不足以确定一件事的结果时，我们习惯观望别人，按照别人的做法去做事。这的确有好处，从心理学的角度看，与多数人保持一致，容易获得归属感和安全感。"羊跟大群不挨打，人随大流不挨罚"，这一民间俗语形象地揭示了随大流的"好处"。正因能带来利益，人们才在反复实践中愈发巩固了随大流的思维。所以当你看到20个人都望向天空时，你很难做到不抬头望。但是，模仿纵然有它的可取之处，也经常会把人们带离正轨。

一群年轻人相约去呼伦贝尔大草原畅游，他们驾驶四辆越野车兴致高昂地驶向草原深处。草原像无边无际的绿色地毯，高低起伏地延伸向地平线，那景致着实让人心醉。高飞的车排在第二位，紧跟在第一辆车身后。他们翻过了几个起伏的草坡后，远远看到一个碧蓝的湖泊，那湖水就像蓝宝石一样在阳光的映照下闪闪发光。他们加速向湖边驶去。

在距离湖泊不远的地方，有一块低洼地。头车毫不犹豫地从低洼地直向湖边开去，高飞他们也紧紧跟随。开着开着，头车的前部突然陷下去了，高飞虽然紧急制动，但还是轻轻顶了前车一下，使得对方又往里陷了一点。原来，低洼处潮湿松软，形成了一片沼泽，被草覆盖着，看不出来。最后，他们用了一个多小时，三辆车拉得水箱里的水都快开了，才把第一辆车从泥潭中拽出来。结果，四辆车都受了不同程度的创伤，原本兴致勃勃的草原之旅也变成了紧张丧气的抢险救车。最后，一行人都带着遗憾离开了草原。

其实当时高飞在后面，看到低洼处的草呈深绿色，心里就曾有过不好的念头闪过，同车的人也有同感，但觉得前车上的朋友开得那么有把握，就觉得他以前可能来过这里，没想到其实不然。

如此意料之外的事情之所以会成为现实，就是因为人们会彼此影响。我们因为避险的本能或者为了寻找捷径而盲目跟风，因为盲目所以很可能会走错路。

我们需要保持思想上的独立而不是随波逐流，这确实不是简单的事情，有时还有危险性。然而，无数事实告诉人们：人的真正自由是在接受生活的各种挑战之后，是经过不断追求、拼搏并经历各种争议之后争取来的。

如果我们真的成熟了，便不再需要怯懦地到避难所里去顺应环境；我们不必藏在人群当中，不敢把自己的独特性表现出来；我们不必盲目顺从他人的思想，而是凡事有自己的观点与主张。我们也许可以做这样的理解："要尽可能从他人的观点来看事情，但不可因此而失去自己的观点。"

当然，能认清自己的才能，找到自己的方向，已经不容易；更不容易的是，能抗拒潮流的冲击。许多人仅仅为了某件事情时髦或流行，就跟着别人随波逐流而去。我们说，他忘了衡量自己的才干与兴趣，因此把原有的才干也付诸东流，所得只是一时的热闹，而失去了真正成功的机会。

已经踏平的大路尽头，不会有价值连城的财富

近年来随着移动互联网的发展，再加上政府的鼓励和扶持政策，中国迎来了前所未有的创业潮，一个全民创业的时代似乎正在来临。于是，有人看 APP 火就去做 APP，看到微信平台火就去做平台，却并不思考是不是适不适合自己。殊不知，别人的路是别人的。不要随便模仿别人，即便真是同一类人，也将面对各种不同的选择。

传说在浩瀚无际的沙漠深处，有一座埋藏着许多宝藏的古城。要想获取宝藏，必须穿越沙漠，战胜沿途数不清的机关和陷阱。

很多人对沙漠古城里的财宝心向往之，却没有足够的勇气和胆量去征服沙漠以及杀机四布的陷阱。这批珍贵的财宝就这样在

第三章　向人迹罕至的地方走，不必与谁同行

沙漠古城里埋藏了一年又一年。

有一天，一个勇敢的人听爷爷讲了这个神奇的传说，决定去寻宝。勇士准备了干粮和水，独自踏上了漫长的寻宝之路。

为了在回程的时候不迷失方向，这个勇敢的寻宝者每走出一段路，便做上一个非常明显的标记。虽然每进一步都充满艰险，勇士最终还是找出了一条路来。就在古城已经遥遥在望的时候，这个勇敢的人却因为过于兴奋一脚踏进布满毒蛇的陷阱，眨眼间便被饥饿的毒蛇吞噬。

沙漠再次陷入寂静。

过了许多年，终于又走来一个勇敢的寻宝人。他看到前人留下的标记，心想：这一定是有人走过的，既然标记在延伸，说明指路人安全地走下去了，这路一定没错！沿着标记走了一大段路，他欣喜地发现路上果然没有任何危险。

他放心大胆地往前走，越走越高兴，一不留神，也落进同样的陷阱，成了毒蛇的美餐。

最后走进沙漠的寻宝人是一位智者，他看着前人留下的标记想：这些标记可不能轻信。否则，寻宝者为什么都一去不返了呢？智者凭借自己的智慧，在浩瀚无际的沙漠中重新开辟了一条道路。他每迈一步都小心翼翼，扎实平稳。最终，这位智者战胜了重重险阻抵达古城，获得宝藏。

智者在临终前对自己的儿孙说："前人走过的路，并不一定通往胜利。不可迷信经验，已被踏平的大路尽头，绝没有价值连城

的宝藏供我们采掘。即使原来真有宝藏，那也早已经被那些更早踏上这条道路的人采掘干净了。"

我们应该反思一下自己，是不是也曾经跟在别人后面，走在别人的路上。人们常说，成功可以复制。前面的人或许在这条路上创造了辉煌，但是，盲从别人的路，并不见得就是成功的捷径，很可能我们走上去就是不通的。

郑先生是做翻砂厂起家的，前几年一直经营得很顺利，效益还算不错，成了远近闻名的百万富翁。手里有了钱之后，他就琢磨着投资点什么。妻子劝他还是干自己的老本行，开发几种新产品出来。但是，他觉得这样赚钱太慢，一心想找一条捷径。

正好有一天，他跟朋友聊天的时候，对方跟他说起自己前两年购买基金赚了不少钱，他不由得心中一动。朋友跟他说，基金风险比较低，不像股市那样大起大落，自己通过学习一些理论知识，加上从电视上跟专家学习，基本摸到了一些窍门。

郑先生听后再也按捺不住，他去银行咨询了一下，看到很多宣传资料，不少基金还打出高收益口号，再结合朋友的经验盘算：基金的年收益率至少能达到20%，自己投入100万元，三年时间就能赚七八十万元，还不像经营翻砂厂那样累，这个想法让他蠢蠢欲动。

于是，"魄力十足"的郑先生果断地把辛辛苦苦赚到的100万元投了进去。朋友听说后非常惊讶，劝他慎重一点。他却说："你都赚了两年钱了，都没有什么风险，我怕什么啊！难道只许你赚，不许我赚啊！"

朋友听了这话，也不好再说什么。不料，转年股市崩盘，基金也随之大跌，郑先生的基金缩水了三分之二！

无独有偶，投资股市的杨志明也因为眼红别人赚钱而血本无归。那是在2007年，当时股市一路飙升，就连搞清洁的大妈大婶都整天眉飞色舞地谈论今天又涨了多少多少点，形成了一股全民炒股的热潮。对股票一窍不通的杨志明看到别人在大把赚钱，也不禁心动了。

于是，他将自己的全部存款投入股市。

就在他整天满怀期待地做着发财的美梦时，金融危机爆发，股市一片哀鸿。当时，理智的投资者要么提前出逃，要么割肉平仓，甚至壮士断腕，都撤了出来。而根本不懂股市的杨志明开始还抱着幻想，等到想撤的时候，已经晚了，手里的股票在白菜价上被套牢了。直到此时，他才知道自己的盲目跟风是多么不理智。路上有一块金子，第一个人捡到了，后面的人再去恐怕就只能两手空空了。因此，不要看到别人在这条路上成功了，自己就不假思索地盲目追随，义无反顾地走上去。那条路对你来说，可能就是一条死胡同。

盲目跟风的人缺乏独立思考的精神，他们总是看到别人干什么，就跟着干什么，丝毫不考虑这样做适合不适合自己。别人能成功的事情，对你来说却未必可行，然而，偏偏就有很多人喜欢盲目跟风。甚至，有人看到别人在排队买盐，他也不管自己家里是不是缺乏，市场上是不是短缺，就跟着排上了。盲从至此！

每个人都有自己的追求，每个人都有属于自己的成功，都有自己的路要走。运动员要穿上最适合自己的跑鞋才能健步如飞，每个人只有找到最合适自己的路才能走出人生的精彩，而绝不是盲从照搬。别说别人的路不一定适合自己走，就连自己以前的成功经验也不一定放之四海而皆准。以前奏效的办法，在新环境里，在新情况下，就不一定有用，盲目照搬，仍然不免失败的结局。

你走你的阳关道，我过我的独木桥

在经济社会中，每当市场兴起一个新鲜事物，最赚钱的都是那个发起者，其他一拥而上的跟风者，把这条路当成了"阳光道"。事实上，他们只能吃到一点别人剩下的残羹冷炙，甚至根本就赚不到钱。虽然"淘金"是一条"阳关道"，但淘金的人太多了。如果我们总是盯着"阳关道"，跟别人去挤去抢，就会弄得头破血流，却还是一无所获。

阳关道宽敞，危险性小，有人探路，走得也快，也许那是最稳当的。但这条路走的人也多，也是最不靠近成功的。因为每一条"阳关道"上都挤满了盲目的人群，何况"阳光道"也不一定

第三章 向人迹罕至的地方走，不必与谁同行

名副其实。这些"阳关道"有时并不好走，而"独木桥"虽然狭窄，但由于只有一个人走，也许反而会走得更顺利。

某大型公司引进了一条国外肥皂生产线。这条生产线很先进，从原材料加入直到成品包装全部自动完成。不过他们很快发现这条生产线有个缺陷：常常会有盒子里没装入香皂，那些空盒子会混到成品里面。这家公司停用了生产线，并与生产线制造商取得联系，询问怎样才能挑选出这些空盒子。制造商告诉他们，这种情况在设计上是无法避免的。

他们只得成立了一个团队解决问题，以几名博士为核心、十几名研究生为骨干的攻关小组综合采用了机械、微电子、自动化控制、X射线探测等技术，最后花了几十万元在生产线上安装了一套X光机和高分辨率监视器。每当空香皂盒通过，探测器就会检测到，一条自动机械臂会将空盒从生产线上挑出来拿走。

南方某个乡镇企业也买了同样的生产线，老板同样发现了这个问题。他找来了个小工，告诉他说："你把这个搞定，不然扣你半个月工资。"小工很快想出了办法，他在生产线旁边放了台风扇猛吹。空盒子分量轻，在通过风扇时自然会被吹走。相比那家大企业的正统做法，小工用的就算是民间的"土方子"了，然而他同样解决了问题。从这个角度上来说，这个小工的做法并不比那些科研人员的方法差，既经济又实惠。小工走独木桥还比科研人员走阳关道快得多呢。

阿里巴巴的创始人马云在一次文化讲坛上交流他的创业体会

时说:"我要做别人不愿意做的事、别人不看好的事。当今世界上,要做我做得到别人做不到的事,或者我做得比别人好的事情,我觉得太难了。因为技术已经很透明了,你做得到,别人也不难做到。但是现在选择别人不愿意做、别人看不起的事,我觉得还是有戏的,这是我这么多年来的一个经验。"

也就是说,如果我们只做大众化的工作,我们就很难在激烈的职场中脱颖而出。而那些成功者与其他人的区别就在于,别人不愿意去做的事,他去做了,少有人走的路,他去走了,没前途的市场,他去开发了……

泰国曼谷市有一位名叫卢尔沙西的年轻人租了两间店面经营茶楼生意,茶楼不大,放了30张茶桌。

茶楼装修得十分高雅,茶师更是一些拥有非凡实力的专业人员。但是,茶楼生意并不好,几个月下来简直到了入不敷出、举步维艰的地步。

员工善意地建议他把茶楼转让出去,另谋出路。

"不!我一定能有办法让茶楼起死回生!"卢尔沙西坚定地说。从那以后,他开始留意进店来的每一位顾客,希望能从顾客身上找到改变茶楼命运的启示。

一次,一位顾客边等人边喝茶,很是无聊。卢尔沙西走过去问:"我能帮助您什么吗?"

"我想我需要一份报纸。"顾客想了一下说,"否则,我可能要离开了。"

第三章 向人迹罕至的地方走，不必与谁同行

"真对不起，我这里没有订阅报纸，不过，我上周末买的一份旧报纸还在吧台里放着，要看吗？"卢尔沙西有点儿不好意思地说。

"行，行。"那位顾客开心地回答。从卢尔沙西手中接过那份旧报纸后，这位顾客再也没有无聊的神情，更没有再提想要离开。

一份旧报纸留住一位顾客，也间接地留住了他的朋友，从而为茶楼创造了一个不可估量的消费团队。卢尔沙西的猜想没有错，第二天，这位要求看报纸的顾客便带了六个人过来喝茶。

这件事情给了卢尔沙西很大触动，他设想：如果每天都有更多信息全面的报纸杂志准备着，会不会就能留住更多老顾客，甚至培育更多新顾客呢？他立刻决定，在靠近茶楼进口附近抽掉五张桌子，利用这个空间办起一个小小的阅览室。

"老板，我们的利润是由茶桌创造的，抽掉茶桌，我们创造的利润就会减少……"不少员工提醒卢尔沙西，他们觉得卢尔沙西的想法简直荒唐。

"按正常的数学逻辑，你们的想法是对的，但从经营学角度考虑，我的想法未必错，$x-5$ 应该会大于等于 x。"卢尔沙西坚定地说。几天后，一个订了大量金融、商贸、新闻、娱乐、文学等方面报刊和杂志的小小茶楼阅览室诞生了。

奇迹出现了，几乎所有客人都被这间阅览室吸引。

渐渐地，卢尔沙西的茶楼里有阅览室这个消息传了出去，来茶楼消费的顾客与日俱增，一个月下来，创下的营业额竟然比之

前多出两倍。就这样，卢尔沙西的茶楼阅览室一直都在整个茶楼经营中起着至关重要的作用，也一直在为卢尔沙西创造着丰富的利润。1987年，卢尔沙西有了更大的经营目标，将茶楼高价转让出去后加盟了肯德基，在曼谷开设了泰国第一家肯德基快餐店。考虑到肯德基为大多数儿童所喜欢的特点，卢尔沙西同样采用了"x-5≥x"的经营策略，抽掉了五张餐桌，利用这五张餐桌的空间备置了一架滑梯和一只蹦蹦床，办起一个小小的"儿童玩乐场"。让人难以置信的是，就因为抽掉五张桌子办一个玩乐场的方案，让他创下了亚太地区所有肯德基店面的月营业额新高。

现在，减去五张桌子办一个儿童玩乐场的做法几乎已经在全球所有的肯德基分店中得到了沿袭和推广，在一定程度上，"x-5≥x"已经成为了肯德基经营文化的一种象征。

什么是成功之道？成功学家说，一个人想要成功，就要选择他人不曾走的路，做他人不曾想的事。阳关道上若是人太多，还是不去挤的好。思路决定出路，有时候独木桥更胜阳关道。这时候，我们应该试着走一走没人理会的独木桥，在这条人生路上，也许我们会走得更顺畅、更精彩。

第三章　向人迹罕至的地方走，不必与谁同行

别在别人都投资的地方投资

经济学里经常用"羊群效应"来描述个体的从众跟风心理。羊群是一种很散乱的组织，平时在一起也是盲目地左冲右撞，一旦有一只头羊动起来，其他的羊也会不假思索地一哄而上。投资市场一直都存在着这种"羊群效应"——一个新兴事物，没有人投资的时候大家都不投资，因为心里不踏实，一旦有人出手了并赚了钱，就一窝蜂地去跟随。

从投资角度来讲，这种从众心理非常不可取。因为"跟风"的结果只能是永远慢一拍，往往是高投入，收益却甚少，因为大家都在做，市场已经接近饱和。

股神巴菲特对于这种现象给出了警告："在其他人都投了资的地方去投资，你是不会发财的！"这句话被称之为"巴菲特定律"，是股神多年投资生涯的经验结晶。从20世纪60年代以低价收购了濒临破产的伯克希尔公司开始，巴菲特创造了一个又一个的投资神话。有人计算过，如果在1956年，你的父母给你1万美元，并要求你和巴菲特共同投资，你的资金会获得2.7万多倍的惊人回报，而同期的道琼斯工业股票平均价格指数仅仅上升了大约11倍。

在美国，伯克希尔公司的净资产排名第五，位居时代华纳、花旗集团、美孚石油公司和维亚康姆公司之后。

能取得如此辉煌的成就，正是得益于他所总结出的那条"巴菲特定律"。很多投资人士的成功，其实都是因为通晓这个道理。

美国淘金热时期，淘金者的生活条件异常艰苦，其中最痛苦的莫过于饮水匮乏。众人一边寻找金矿，一边发着牢骚。一人说："谁能够让我喝上一壶凉水，我情愿给他一块金币。"另一人马上接道："谁能够让我痛痛快快喝一回，傻子才不给他两块金币呢。"更有人甚至提出："我愿意出三块金币！"

在一片牢骚声中，一位年轻人发现了机遇：如果将水卖给这些人喝，能比挖金矿赚到更多的钱。于是，年轻人毅然结束了淘金生涯，他用挖金矿的铁锨去挖水渠，然后将水运到山谷，卖给那些口渴难耐的淘金者。一同淘金的伙伴纷纷对其加以嘲笑："放着挖金子、发大财的事情不做，却去捡这种蝇头小利。"后来，大多数淘金者均"满怀希望而去，充满失望而归"，甚至流落异乡、挨饿受冻，有家不得归。但那位年轻人的境况则大不相同，他在很短的时间内，凭借这种"蝇头小利"发了大财。

记住，每一个商机出现时，能把握住商机赚到大钱的只是少部分人。不赚钱的永远是大部分人，你跟着这大部分亏钱的投资人，焉有挣钱之理？所以，投资一定要眼光独到，要有自己的方向和规划，要做最早发现商机并赚到钱的那一少部分人。

别人都在寻找事物的共性，我去寻找它的个性

当人们都去寻找事物的共性时，我们试着去寻找它的个性，用逆向思维思考问题，你所擦亮的一个小小的思维火花可能就蕴含着无限生机。

逆向思维缘起于求异思维，是人们在头脑中对司空见惯的、似乎已成定论的事物或观点进行反向思考的一种思维方式。它的特点是"反其道而思之"，让思维向对立的方向发展，从问题反方向进行深层次探索，这或许更能使问题简单化、新颖化。

当然，这种思维思考也有它特定的条件。

第一，必须对所面对的事物或问题有深入的了解，譬如与其相关的知识、已知的客观条件等，没有这个前提，你就不可能进行反向思考。

第二，必须尊重客观规律，而不能主观臆想，要知道，逆向思维可不是要你任何事都与客观事实对着干。

逆向思维的运用是一种独特做事方法的体现，它既是一种创新，又是一种对常规的破坏。当然，这种"破坏"不表现在对人

情和风气习惯上，而是表现在能落实到具体事物上的常规思维上。新的思路往往能在常规事物之外找到突破口。

沃尔是一家大公司的总裁。有一次他的儿子被绑架了，绑匪索要200万美元的赎金。

夫妻俩再三考虑，还是决定报警。然而，绑匪好像非常熟悉警方的侦察手法，对警方的行动都能预料到，因此警方始终无法救出沃尔的小孩。经过几天的煎熬，沃尔决定答应绑匪的要求，让自己的孩子能够平安回来。

很多媒体都在报道这件事，还分析说："从过去的案件来看，即使绑匪得到了赎金，也很可能会杀掉人质。"

这时，沃尔想："既然这样，我何不把这笔赎金变成赏金，让全市的人来帮我救小孩。重赏之下必有勇夫，也许我的小孩获救的机会更大一些。"

打定主意之后，他就直奔电视台，在电视上公开向大众宣布："只要谁能帮我救出我的孩子，我愿意付他300万美元。"

沃尔这一举动大大出乎众人意料之外。尤其是绑架沃尔小孩的绑匪更是不知所措。

有的绑匪认为，沃尔现在把赎金变赏金，不如把小孩送回去，并假装是救出小孩的英雄，就可以多拿到100万美元。而绑匪的头儿却坚持反对这样做。这样一来，匪徒内部出现了争执，最终升级成内斗，他们的打斗惊动了附近的邻居，有人报了警。

警方到达现场以后发现这些歹徒竟然就是这起绑架案的绑

匪，他们没费多大力气就制服了两败俱伤的绑匪，成功地救出了小孩。

人们习惯按常规方法做事，结果有时根本无法获得自己想要的结果。把赎金变赏金这一做法，彻底颠覆了人们的正常思维，但打破常规，不按常理出牌，有时却能闯出一条成功的路来。

你可以说我胡思乱想，但不能否定我思想上的光芒

大多数创意都是一个人在经历了几番胡思乱想以后迸发出来的灵感。这世上最有价值的是人的思维，是你想出的点子。不要怕自己的想法异想天开，不要怕别人说自己是胡思乱想，要知道，有时候，胡思乱想也能想出好点子。

胡思乱想是一种创新型的思维，比尔·盖茨认为，可持续竞争的唯一优势来自超过竞争对手的创新力！创新力如何体现？那就是想出超出常规的好点子。只有创新思维，只有敢胡思乱想，才能解决生活中不断出现的新问题，才能产生领先别人一步的灵感。

众所周知，电脑键盘一般是用塑料制作的，不过，在江西有这样一个人，他居然要用竹子做键盘卖。身边的人都说他脑子出

问题了，但最终，他真的做出了竹子键盘，并且每年都有数百万元的收入。

这个人叫冯绪泉，他的父亲是一名篾匠，所以冯绪泉小时候也学过这门手艺。师大毕业以后，冯绪泉当过一段时间老师，而后开始了将近十年的打工生活。最后，他和妻子来到深圳一家竹地板厂。

一天，同学张建军来找冯绪泉叙旧。当时张建军在深圳一家生产电脑配件的科技公司做研发员。聊着聊着，张建军开始向冯绪泉诉苦，说老板批评他开发设计的电脑键盘、音箱等没有新意。

张建军的话像一道闪电般照亮了冯绪泉的大脑，一个大胆的念头涌上心头：可不可以用竹子来做电脑键盘呢？这可绝对是前无古人的。

张建军听后认为这个想法很荒唐，在他看来，首先，竹子不可能做成键盘，就算做成了，这样的键盘也太笨重。可冯绪泉却把这事放在心里了。当天晚上，他就去买了个键盘，然后认真拆开，仔细研究键盘的原理。午夜梦醒，他又爬起来琢磨。

而后，他用了十几个晚上的时间制作出一个键盘框架。谁曾想，这个辛苦做出的键盘框架根本不经摔，一不小心掉地上就碎成几块。冯绪泉反复实验了几次结果都是如此，这让他很受打击。

不过，倔强的冯绪泉并未就此放弃，几个月后，他做出一个惊人的决定：辞职回老家专门研究制作竹键盘！可是转眼半年过去，还是一点成果也没有。这个时候，家里已经捉襟见肘了，他

第三章　向人迹罕至的地方走，不必与谁同行

不得不放弃竹键盘的研发，进了县城一家竹业公司打工。

谁想到机会就这样来了。这家公司的老板想把竹产业做大，号召全体员工群策群力，研发出附加值高的竹产品。冯绪泉的眼前一亮。

他把之前自己制作的一个竹键盘模型拿给了老板，老板看后颇有兴趣，当即让他牵头成立了一个研发小组，并保证在实验场地、机械设备、技术助手等方面给他提供足够的支持。

冯绪泉和他的助手们开始刻苦钻研，他们首先要解决的就是竹键盘的抗摔问题。功夫不负苦心人，在经过九个月的不懈努力、摔坏一千多个竹键盘模型以后，他们终于研制成了稳固性和坚硬度都与塑料键盘不相上下的竹键盘。

接下来，他们给竹键盘安装了电子线路板，这样它就能和塑料键盘一样正常使用了。他还给这项技术申请了国家专利。这种竹键盘一上市即受到白领和学生的欢迎，随后便远销到国外。后来他们又开发出了竹鼠标、竹U盘，竹子做的电脑主机、显示器外壳。这项研发给冯绪泉带来了丰厚的回报，仅仅一年多的时间，他的个人净资产就达到了五百多万，一家人的命运就此彻底改变！

这个点子无疑是非常奇怪的，然而无疑也是非常成功的。把那些别人想都想不到，或者说想都不敢想的事情，变成了实实在在的回报，这不能不说是创新思维的空前胜利。

所以说，不要怕自己胡思乱想。创造性思维是上天赋予人类最宝贵的财富，我们应该好好利用。不要墨守成规，其实，我们

每个人的心中都关着一个等待被释放的思维精灵。把你的胡思乱想勇敢地发掘出来，让它成为伴你成功的灵感吧。

及时转型，大有可为

随着年龄的增长，很多人都对自己所从事的工作产生了怀疑和恐慌。有的是因为所做的并不是自己真正喜欢的工作，所以产生了厌倦；有的是因为自身知识结构老化，在竞争中居于劣势；还有的是因为职业特点所限，以后就不宜再干了……他们也常常琢磨着：是不是该给自己的事业重新定位？换种工作是不是会好一点？但他们又总拿不定主意，时间就在一拖再拖中过去了。其实，当你发现你的职业再也吸引不了你、你的工作不再适合你时，就应该果断地转型，给自己换个全新的跑道，你还能赶得上人生的最后一次冲刺！

游人在海滩的水洼里看到一种小螃蟹，就请教渔民是什么种类。结果渔民说："这种螃蟹叫寄居蟹，其实也是普通的螃蟹，只不过是被潮水带到岸边来的。如果回到海里它们也可以长到碗口大。可它们总是留恋着海水带来的一点微薄海藻，以此作为食物，吃不饱、饿不死，也长不大！它们会在这里一直拖到水洼干枯，

第三章　向人迹罕至的地方走，不必与谁同行

才会回到海中，但并不是所有的都能安全撤退，很多都因为过度虚弱死在海边了！"想一想，有些人是不是也像那些寄居蟹一样，宁愿守着毫无前途的职业，死拖着不肯转型，等到被迫转型时，才发现已经太迟了！

为了长远利益，牺牲眼前的小利。这句话说起来容易，但又有几人能做到？很多人在事业面临危机时，也想转型，但却由于种种原因舍不得安逸的环境、较高的薪酬，或是外表风光的地位，于是转型的念头转了又转，到最后却只能不了了之。这就像是一只被放进锅里煮的青蛙，温水的时候贪图舒服不肯跳出去，等到烫手的时候想跳也来不及了！

认识萧翰的人都说他这几年老得太快了！萧翰刚刚步入不惑之年，是一家电子厂的技术副厂长，也称得上小有成就，但萧翰这两年过得远没有他的名头那么风光！电子厂规模小，技术落后，在竞争中屡战屡败，现在已经是摇摇欲坠！今天传兼并，明天说倒闭，后天又说要裁员……其实，电子厂的现况萧翰五年前就料到了。他认为电子厂肯定无法适应将来的激烈竞争，所以打算放弃本行，改做保险。他接洽了一家保险公司，而对方对萧翰也十分满意，但考虑到萧翰缺少这方面的经验，因此请他从较低职位做起。就在萧翰兴高采烈地准备转行时，却发生了一件事。妻子忽然请求他干完这个月再换工作，萧翰很奇怪就追问为什么，妻子这才吞吞吐吐地说，半个月后是同学聚会的日子，她希望到时候丈夫的身份仍能是副厂长。这件事对萧翰触动很大，他觉得

转型真不是一件容易的事，方方面面都得考虑到。总得替妻子着想一下吧！吸完了一包烟后，萧翰又放弃了转型计划。现在一想起这件事，萧翰就后悔极了！当时若能趁早转型，何至于有今天呢？

与萧翰形成鲜明对比的是张枫。张枫在网络公司工作，也步入中年了，他明显地感受到了危机。他知道，网络里的技术饭碗是年轻人端的，他面临事业转型了。这时，他找到了一个很好的发展方向，且与新机构上司的想法一拍即合。事事都如意，唯独年薪。要比在网络公司的时候少一个百分点。张枫觉得年薪少点没什么，但妻子却对此颇有微词："真没见过你这样的，薪水高的不干，偏要挣少的！你是怕钱多了没地儿放吗？再说40岁的人了，还瞎折腾什么？"面对妻子的指责，张枫也很矛盾。于是，他在半夜给远在国外的哥们儿打了个电话，听完张枫的诉说后，朋友只说了一句："我问你，你还有几个40岁？"这句话使张枫如梦初醒：自己只有一个40岁，现在再犹豫不定，等到50岁时，想转行又有谁会要你？张枫第二天就在众人惋惜的目光里辞去了工作，转到新公司，现在已升到部门经理了。

如果你的工作真的不再适合你了，那么转型就是你最佳的选择。转型了你仍是大有可为。如果你选择安于现状，那你不仅会心情郁闷，还极有可能在长江后浪推前浪的形势下被"后浪"夺去位置。到那时，你可就真的是悔之莫及了。

第四章
生命的美好,总在孤独后绽放

生命的美好,总在孤独后绽放。但凡成功之人,往往都要经历一段没人支持、没人帮助的黑暗岁月,而这段时光,恰恰是沉淀自我的关键阶段。犹如黎明前的黑暗,捱过去,天也就亮了。

告别痛苦的手只能由自己来挥动

痛苦的感受犹如泥泞的沼泽，你越是不能很快从中脱身，它就越可能将你困住，乃至越陷越深，直至不能自拔。

然而，尽管我们的人生有诸多不如意，可我们的生活还是要继续。只是不肯接受这诸多"不如意"的人也不少见。这些人拼命想让情况转变过来，不管这是不是还有用。为此他们劳心劳力，如果事情没有转机，他们就会把问题归结到自己身上，觉得自己没有尽力，或是没有本事。然而，总有些事情是我们力所不及的。对于那些无法改变的事情，与其苛求自己做无用功，不如坦然接受的好。

厄运的到来是我们无法预知的，面对它带来的巨大压力，怨天尤人只会使我们的命运更加灰暗。所以我们必须选择一种对我们有好处的活法，换一种心态，换一种途径，才能不为厄运的深渊所淹没。

第二次世界大战期间，一位名叫伊莉莎白·康黎的女士在庆祝盟军于北非获胜的那一天，收到了国际部的一份电报：她的独生子在战场上牺牲了。

第四章 生命的美好，总在孤独后绽放

那是她最爱的儿子，是她唯一的亲人，那是她的命啊！她无法接受这个突如其来的残酷事实，精神接近了崩溃的边缘。她心灰意冷，万念俱灰，痛不欲生，决定放弃工作，远离家乡，然后默默地了此余生。

当她清理行装的时候，忽然发现了一封几年前的信，那是她儿子在到达前线后写的。信上写道："请妈妈放心，我永远不会忘记你对我的教导，不论在哪里，也不论遇到什么灾难，都要勇敢地面对生活，像真正的男子汉那样，用微笑承受一切不幸和痛苦。我永远以你为榜样，永远记着你的微笑。"

她热泪盈眶，把这封信读了一遍又一遍，似乎看到儿子就在自己的身边，用那双炽热的眼睛望着她，关切地问："亲爱的妈妈，你为什么不照你教导我的那样去做呢？"

伊莉莎白·康黎打消了背井离乡的念头，一再对自己说："告别痛苦的手只能由自己来挥动。我应该用微笑埋葬痛苦，继续顽强地生活下去。事情已经是这样了，我没有起死回生的能力改变它，但我有能力继续生活下去。"

后来，伊莉莎白·康黎写了很多作品，其中《用微笑把痛苦埋葬》一书颇有影响。书中这几句话一直被世人传颂着：

"人，不能陷在痛苦的泥潭里不能自拔。遇到可能改变的现实，我们要向最好处努力；遇到不可能改变的现实，不管让人多么痛苦不堪，我们都要勇敢地面对，用微笑把痛苦埋葬。有时候，生比死需要更大的勇气与魄力。"

其实，生活中，我们每个人都可能存在着这样的弱点：不能面对苦难与孤独。但是，只要坚强，每个人都可以接受它。假如我们拒不接受不可改变的情况，就会像个蠢蛋，不断做无谓的反抗，结果带来无眠的夜晚，把自己整得很惨。到最后，经过无数的自我折磨，还是不得不接受无法改变的事实。所以说，面对不可避免的事实，我们就应该学着像树木一样，坦然地面对黑夜、风暴、饥饿、意外与挫折。

如果我不坚强，没人替我勇敢

"当灵魂迷失在苍凉的天和地，还有最后的坚强在支撑我身体，当灵魂赤裸在苍凉的天和地，我只有选择坚强来拯救我自己"。有时候，你真的不得不坚强，因为如果你不坚强，没人会替你勇敢。

陈丹燕老师在《上海的金枝玉叶》中描写了这样一个美丽的女子——郭婉莹（戴西），她是老上海著名的永安公司郭氏家族的四小姐，曾经锦衣玉食，应有尽有。时代变迁，所有的荣华富贵随风而逝，她经历了丧偶、劳改、受羞辱打骂、一贫如洗……一度甚至沦落到在乡下挎鱼塘清粪桶，但那么多年的磨难并没有使

第四章 生命的美好，总在孤独后绽放

她心怀怨恨，她依然美丽、优雅、乐观，始终保持着自尊和骄傲。她有着喝下午茶的习惯，可是家中早已一贫如洗，烘焙蛋糕的电烤炉没了多年，怎么办？这些年她一直自己动手，用仅有的一只铝锅，在煤炉上烘烤，在没有温度控制的条件下，巧手烘烤出西式蛋糕。就这样，几十年沧桑，她雷打不动地喝着下午茶，吃着自制蛋糕，怡然自得，浑然忘记身处逆境，悄悄地享受着残余的幸福。

这就是坚强，一种生活的态度，孤独却淡定，淡定而从容。生活就是这样，有时意料之中，有时意料之外。不过悲也好，喜也好，你都得活着，都要面对。等你的年龄到了有资格回味往事之时，你会发现，那正是你的人生。而这一路陪你走来的，不是金钱，不是欲望，不是容貌，恰恰就是你那颗坚强的心。

也许你有些害怕，于是你不想长大，但很多我们不想经历的，终究还是要经历，长大了就是长大了，就要承受很多东西。人生，从来都是苦大于乐、福少于难的，你得学会苦中作乐。

或许，你更愿意每天随心所欲，不用早起，不用在地铁上拥挤，不必看着老板的脸色，在遭遇挫折以后，不需理睬什么"在哪里跌倒就在哪里站起"，是的，如果可以，你更愿意蹲下来怀抱双膝，慢慢疗伤……可是，人生没有如果，即使有一千个理由让你黯淡消沉，你也必须选择一千零一次的勇敢面对，因为你不坚强，没人替你勇敢。

暴风雨之夜，一只蝴蝶被打落在泥中，它想飞，它拼命挣扎，

可是风雨太大，心有余而力不足。在无数次努力失败以后，它大概是打算放弃了。这时，一缕阳光射来，映照着它美丽的翅膀，它再一次选择了坚强。经过一次次试飞，它终于挣脱了泥潭，挥动着仍带有泥点的翅膀，在阳光中散发着七彩的光芒。

人生的绽放，需要你的坚强，没了坚强，你会变得不堪一击，只有经历地狱般的折磨，才会有征服天堂的力量，只有流过血的手指，才能弹出人世间的绝唱！

当每天的坚强成为一种习惯，我们便不会再抱怨天地，你会发现生活不过就是那么一回事，有无奈，有愤恨，有不公，有苦痛，用坚强去面对，它们根本不值一提，不过是生命中的一个插曲。

坚强，显然已经成为一种世界的、民族的趋势，从生存到竞技，从灾难到救援，几乎每一个人都在以乐观、进取来表达着坚强，小到一个人，大到一个国家，都在不停地努力付出，一天天让自己变得更好。

坚强，其实就是一种自然而然的生活态度。

第四章　生命的美好，总在孤独后绽放

我的梦想，或许是一场永久性的战争

有一种咖啡名叫卡布奇诺，浓郁的咖啡再加上润滑奶泡，汲精敛露，有一种与众不同的口味。起初闻起来味道很香，第一口喝下去时，可以感觉到大量奶泡的香甜和酥软，第二口可以真正体味到咖啡豆原有的苦涩，最后当味道停留口中，你又会觉得多了一份香醇和隽永。这就好比追梦的滋味，听上去很美很诱人，品尝起来却有一股淡淡的苦味、浓浓的醇香。

我们无法拒绝梦想的诱惑，一如面对我们最爱的咖啡我们无法拒绝一样。然而，在通往梦想的路上，无数的艰辛与坎坷让我们品尝了梦想的苦涩，体味了成功的辛酸。如果你也有过同样的感觉，如果你还在路上，那么继续赶路吧，就这样静静地靠近我们的梦想，就像品尝咖啡一样。没有张扬的欢呼，没有鼓励的掌声，有的只是无法与人分享的无边的孤独。

你需要的是低调，不管在什么时候，付出努力就好，没有必要让所有的人都为你见证什么。不管在什么时候只要静静地为了自己的成功努力就好。在生活中，你拥有的是什么呢？或许是梦想，或许是激情，不管是什么，你都要明白这一点。只要自己默默地努力就好，没有必要让所有的人都知道。

　　让自己静静地靠近梦想，坚持在孤独中奋斗，或许这是一场永久性的战争，但时间再长，也会有度过的时候。成功并不是什么难事，只要你还在坚持，坚持住自己前进的步伐，就会离自己的梦想越来越近。

　　多年以前，富有创造精神的工程师约翰·罗布林雄心勃勃地意欲着手建造一座横跨曼哈顿和布鲁克林的桥。然而桥梁专家们却说这计划纯属天方夜谭，不如趁早放弃。罗布林的儿子华盛顿是一个很有前途的工程师，也确信这座大桥可以建成。父子俩克服了种种困难，在构思着建桥方案的同时也说服了银行家们投资该项目。

　　然而桥开工仅几个月，施工现场就发生了灾难性的事故。罗布林在事故中不幸身亡，华盛顿的大脑也严重受伤。许多人都以为这项工程因此会泡汤，因为只有罗布林父子才知道如何把这座大桥建成。

　　尽管华盛顿丧失了活动和说话的能力，但他的思维还同以往一样敏锐，他决心要把父子俩费了很多心血的大桥建成。一天，他脑中忽然一闪，想出一种用他唯一能动的一个手指和别人交流的方式。他用那只手敲击他妻子的手臂，通过这种密码方式由妻子把他的设计意图转达给仍在建桥的工程师们。整整13年，华盛顿就这样用一根手指指挥工程，直到雄伟壮观的布鲁克林大桥最终落成。

当你想要放弃时，不妨想想这个故事。只要愿意坚持，也许阳光就在转弯的不远处；如果此刻放弃，我们将永远看不到成功的希望。坚持自己的梦想，就是在坚持自我，跟随自己的意愿，最终你会发现自己的成功将不是一件难事。

静静地努力吧，不要高调地宣扬自己的努力，更不要自大地认为只有自己在为生活拼搏，每个人都在为自己的生活努力着、辛苦着、拼搏着。所以说你应该看到自己存在的价值，也应该能够感受到自己存在的快乐，你的人生需要自己去精心经营，付出自己的汗水，这个时候你会发现你自己正在静静地靠近自己的梦想。

每个成功者都是一路孤独走来的

每一位成功的人，他的身后都有一部奋斗史和一部辛酸史，有了奋斗史和辛酸史做铺垫，才能创造出一部成功史。他们所走的路不是平坦大道，每一步都充满着曲折和坎坷。所有的成功也好，辉煌也罢，都是在艰辛与孤独中开始的。

美国前第一夫人希拉里·克林顿被大家一致称为美国历史上最有实权的第一夫人、美国历史上学历最高的第一夫人、美国历史上第一位谋求公职的第一夫人。她是一位富有争议的政治人物。她曾主持一系列改革，也曾参加2008年美国总统选举民主党总统候选人的角逐。当时，希拉里并不是首位参与美国总统大选的女性，但她被普遍认为是美国历史上首位确有可能当选的女性候选人。奥巴马在当选总统之后，提名她出任美国国务卿，她成为美国第三位女国务卿。就是这样一位杰出的政治人物，她也曾不断地对自己说，只有忍受孤独才能最终走向成功。

希拉里·克林顿将自己定位于"孤独的学者"，这里的"孤独"有两个意思。

首先，我们应该知道，人是一个独立的个体，只要是个体，势必会有孤独的时候。大部分人认为，别人都不孤独，只有自己孤独，其实这是错误的。没有人能够摆脱孤独，但是要知道，导致自己最终坠入空虚和失落的深渊中不能自拔的原因，往往是自己无法面对自己的孤独。相反，如果承认人类本来就是孤独的，那心灵就会获得安慰，自己就不会有孤独感。

其实，孤独没什么不好，起码能够让你认清自己。换一种说法就是，每个人都明白孤独不是专属于自己的，别人也同样如此，也会有孤独感，那当孤独突然袭来时就不会倍感难耐了，也不会对学业和事业产生很大的影响。

其次，孤独一词还有另一层意思，就是自我觉醒。为了避免坠入陷阱之中不能自拔，最好的办法就是时刻提醒自己、激励自己，为自己敲响警钟。在女性身上有一种特有的敏感，这使她们更容易感觉到孤独，于是她们就会采取逛街、聚会、闲聊等方式来减少孤独感。但与此同时，时间长了，逛街、聚会、闲聊等也常会让人上瘾，一上瘾了就难以停下来。最重要的是，她们在做这些事情的时候，往往会浪费大把时间，这样一来，学习能力、思考水平、技术能力等方面就会下降，慢慢地就会被先进的时代所淘汰，成为一个落伍者。这种落后维持的时间长了便会让你最终成为失败者。

孤独并不是你想象的那么可怕，在人生中，孤独就是调味剂，可以调出更加适合你的味道。当然，如果你无法享受这个过程，你品尝到的只有辛辣，所以说要学会享受辛勤奋斗的过程，结果才会变得圆满，如果你只是一味地追求结果，那么，最终你得到的也就只是那么一点点的成功，根本不会有更加重要的意义。

曾有这样一则佛家故事，一位大师听众僧论辩风与幡的关系。有人说风动，有人认为是幡动，相持不下。这位大师却是这样说的："既不是风动，也不是幡动，是人们的心在动。"

这里所说的"心动"实际上就是不要"动心"，不管外界事物如何变化，如果你心动了，那么不变也就是在变，如果你没有动心，那么即便外界发生翻天覆地的变化，也与你无关。纵观古今，那些有作为的智者贤者，莫不耐得住孤独，安于平静。这也正如歌德所言，"真正有才能的人会摸索出自己的道路"。深谙个中深义的李白不在长安市中酒家眠，他远离喧嚣，寄情山水，以诗为伴，以酒为侣。正是这种旷达与灵性，成就了一位伟大的诗人。

一个人的时间和精力是有限的，他在追求成功的时候，就意味着必须放弃风花雪月、花前月下的浪漫，放弃闲适安逸的生活，放弃很多常人无法放弃的东西。每个成功者都是一路孤独走来的。可以说，孤独是成功的第一站，并始终伴随着追梦者。

孤独的人生中需要梦想做支撑，当然实现自己的梦想是一个过程，你不要认为这个过程是一种不好的结局，要相信自己，只有付出努力，你才能够感知到这个过程，才能够感知到成功。在孤独中奋斗，让自己的梦想开出美艳的花朵，享受这种幸福，你最终会成功。

无数孤独而痛苦的黑夜，成就了无数颗明星

《圣经》中有这么一段话：人啊！你为何跃跃欲试？你为什么这样急于求成？你要耐得住孤独，因为成功的辉煌就隐藏在孤独的背后。

在《人间词话》里，王国维也曾说："古今之成大事者、大学问者，必经三种境界：第一种境界是'昨夜西风凋碧树。独上高

楼,望尽天涯路';第二种境界是'衣带渐宽终不悔,为伊消得人憔悴';最后一种境界是'众里寻他千百度,蓦然回首,那人却在灯火阑珊处'。"

第一境界是一个迷茫的阶段:昨夜西风凋碧树。独上高楼,望尽天涯路。说的是做学问成大事业者,首先要有执着的追求、登高望远、瞰察路径、明确目标与方向和了解事物的概貌。这也是人生寂寞迷茫、独自寻找目标的阶段。

第二境界是一个执着的阶段:"衣带渐宽终不悔,为伊消得人憔悴",作者以此两句来比喻成大事者、大学问者,不是轻而易举就能得到的,必须有着坚定的信念,然后经过一番拼搏奋斗、辛劳努力、坚持不懈,直至人瘦带宽也不后悔的精神,才能取得成功。这也是人生的孤独追求阶段。

第三境界是一个返璞归真的阶段:"众里寻他千百度,蓦然回首,那人却在灯火阑珊处"。这第三境界是说,做学问、成大事者,必须有执着专注的精神,反复追寻、研究,经过千辛万苦的探索之后,自然会豁然贯通,有所发现。这也是人生的实现目标阶段。

由此可见,要想获得成功,首先要耐得住孤独,再加上不懈的努力和坚持,才能到达自己追求的境界。耐得住孤独是一个人思想灵魂修养的体现,是难能可贵的一种素质风范。

在漫漫人生路上,孤独总是如影随形,它如同喜怒哀乐一样,时刻伴随着我们。要正确对待孤独,耐得住孤独,其实这很容易做到，关键就取决于我们对孤独的认识和追求成功的动机。

如果一个人胸无大志、平庸堕落，他自然是忍受不了孤独的；假如你有着高尚的思想境界，有着追求事业的良好心态，就能够在纷繁复杂的生活中告别"声色犬马"，走出浮躁喧嚣的世界，真正静下心来，踏踏实实地干好工作，认认真真地做好事业。

在荧屏上，有这样一种演员，观众对他们既熟悉却又陌生。熟悉的是，在很多电影里不止一次地见过他们；陌生的是，尽管观众对他们的面孔熟悉，但对他们了解很少，甚至不知道他们的名字，他们就是"跑龙套"的。

众所周知，周星驰在早期剧集中也是扮演着微不足道的小人物，这些小人物的共同特点就是，除了一些梦想、一股气力和一点亲情外，其他一无所有。而在那个年代的香港，人们最看重的就是梦想。那个时代是一个有梦想的年代，无数香港人白手起家完成了自己的梦想，周星驰在演绎别人实现梦想的过程中也在努力实现着自己的明星梦。

在当时众星云集藏龙卧虎的无线电视台，外形、造型、台型都非常优秀的年轻红星数不胜数，如周星驰一样"跑龙套"的很多人无非是混口饭吃而已，刺客甲也好，路人乙也罢，都没有任何区别，只要赚点钱能够养家糊口就够了。

为了能赚一点糊口的小钱，本来性格沉闷的周星驰还不得不学着很油条的样子，跟人家插科打诨，磨嘴皮子，套近乎，有时

第四章 生命的美好，总在孤独后绽放

候为一个死尸的差使也要费尽口舌才能争取到。导演、场务、助理等随便哪个人都可以对他呼来喝去。每当这个时候，周星驰心里都感觉很委屈，但是又必须坚持着、无可奈何地去忍受。关于这些陈年旧事，周星驰从不愿提起，每一次说起，都是一次难以缓解的伤感，连自己的情绪都很受影响。

如今影坛中的星爷是经历了一个怎样的成长路程？每个人看到的都是他辉煌的一面，对于他25年的星路历程凝聚的甜酸苦辣，个中的辛酸非常人所能理解。他扛住了生活给他的考验，耐住了星路历程中的孤独，几番打拼才获得了今天的成就。

只有耐得住孤独考验的人，才会让精神灵魂在独处中得到升华，学会享受孤独，在孤独中创出自己的一番成绩。

王国维也曾经徘徊在孤独的旅途中，1912年，他与罗振玉一起去了日本，住在京都的乡下。用了六七年的时间，王国维系统地阅读了罗振玉大云书库的藏书。那段时间，他几乎与世隔绝。正是有了这六七年的孤独，让他最后实现了自己的成功和辉煌。

郭沫若在甲骨文、金文方面的成就也是得益于他1927年至1937年在日本的十年苦读。如果没有这些年的孤独，他可能真的无法静下心做研究。

路遥在介绍他的《平凡的世界》的创作过程时，这样写道：无论是汗流浃背的夏天，还是瑟瑟发抖的寒冬，白天黑夜泡在书中，精神状态完全变成一个准备高考的高中生，或者成了一个纯

粹的"书呆子"。所以说路遥也曾经孤独过，今天他的灿烂离不开曾经的孤独。孤独之后，才能够实现自己的成功。

孤独有时就像是一盏明灯，当你在灯光底下的时候，你往往感受到的是刺眼的强光，你根本找不到值得你去留恋的东西，因为这缕强光往往会影响到你的心情。如果在这个时候你不知道该怎么走，不妨停下来，在灯光下思索一下，最终你会发现自己前方的路。最终，你会发现自己已经走出了一条属于自己的路，也实现了自己的成功。

在这无数孤独而痛苦的黑夜中，成就了无数颗明星，他们都要经历一个阶段，那就是孤独。他们往往会沉浸在孤独中，从而沉淀自己，最终，得到的不仅仅是成功。

耐得住孤独才能超凡脱俗

人生在世，孤独难免，经历孤独，是顿悟人性，在人生的旅途中大彻大悟、获得境界升华的前提条件。人在孤独中煎熬就像破茧成蝶一样，毛毛虫若是不经过撕心裂肺的挣扎，就不能从茧的束缚中挣脱出来，也不会蜕变成蝴蝶，展翅飞翔。

孤独像是一首歌，在很多时候，只有你能够听懂这首歌，你

第四章 生命的美好，总在孤独后绽放

才会对自己的人生有新的认识，或者说你才能够让自己的内心得到更大的平静。每个人的人生都会经历十分重要的事情，而在很多时候如果你能够懂得享受孤独，会发现自己已经得到了新的提升。孤独的时候也许是痛苦的，但是只有经历了才会得到更多的收获。

曾宪梓生在广东梅县一个贫苦农民家庭，初来香港时，他两手空空，处境艰难。为了生活，他甚至为人照看过孩子。在生活艰辛的逼迫下，他有了创业的念头。一开始，他和妻子两人只是用手工缝制低档的领带。尽管夫妻两人起早摸黑，干得很辛苦，收入还是非常微薄。深思熟虑之后，他决定改做高级领带。直到1970年，他的领带在香港已经很流行了。同年，他正式注册成立了"金利来（远东）有限公司"。第二年，他在九龙买了一块地皮，建起了一个初具规模的领带生产厂。

这点小成就并不能让曾宪梓满足。他心中的目标是要创世界名牌。1974年，经济大萧条时，香港很多商品降价出售，金利来却反其道而行之。曾宪梓在不断改进"金利来"领带的质量的同时，特立独行地适当提高价格。出人意料的是，金利来的生意非常好，当经济萧条过后，"金利来"更是身价倍增，在香港领带行业独占鳌头。

"领带大王"曾宪梓不仅在事业上是成功的，而且作为一个中国人，他有一颗可贵的中国心。在香港创业不久，他开始对家乡广东的教育事业及母校进行捐赠。到目前为止，曾宪梓先后捐助的项目超过 800 项，涉及教育、科技、医疗、公共设施、社会公益等方面，捐款总额超过八亿港元。

一个人从一无所有到功成名就的过程是漫长而孤独的，只有能够经受这种煎熬，或许才能够真正地品尝到成功的乐趣。在通往成功的路上，孤独正是凤凰涅槃般的煎熬和艰难困苦的考验。而正是在这种蜕变的过程中，我们才获得重生。

历史上无数人验证了"孤独成就人生"的真理。因为孤独，人生才会变得精彩，因为忍受了常人忍受不了的孤独，才做到了常人做不到的事情。这样的人最终都成了伟人或者成功者。而那些耐不住孤独的人，贪图享乐、骄奢淫逸，经不住外界的诱惑，最后不是落得个身败名裂的下场，就是终生庸庸碌碌、无所作为。

漫漫人生路，总有一段路与孤独有关；悠悠岁月，终有一段时光我们要与孤独同行。我们要珍惜来到世上的福分，要像品咖啡一样，一口一口慢慢地细细品味，才能体味到人生百味，才会在孤独中升华。有人说人生是一场修行，那么孤独就是修行过程中的一种历练，只有耐得住孤独才会超凡脱俗，才会脱胎换骨，获得精彩人生。

第四章　生命的美好，总在孤独后绽放

在孤独时挥洒更多汗水

　　人在旅途，我们的目的不仅仅是游山玩水，我们肩负着人生使命，所以必须向前走，不停地走，也许很孤独，也许要走很久，但也要无怨无悔地走完这生命的旅程。这一路上，只有勤奋是我们的食粮，没有它，我们四肢疲软，走不多远；没有它，我们无法负重，纵使走着，也是两手空空。那些生活中的丰收者，谁不曾在"勤"上下过一番苦功夫？那些惰性十足的人，又谈什么成为翘楚？世界上没有这样的道理。

　　所以，别再抱怨命运乖蹇！

　　你不知道那些所谓好命之人在哪一个孤独的深夜多做了哪一道题，所以多会了哪一点知识，于是比你多了那么几分，于是进入了一个更好的学校，于是付出更多的辛苦，得到更多的深造，于是改变了命运的轨道。你不知道哪些所谓的好命之人，比你多承受了多少孤独和痛苦，比你多滴落了多少汗水，才会有今天的骄傲与灿烂。

　　可是他们知道，在生命的每一刻钟，都不能懒惰，不能停下，要厚积薄发，才能不留遗憾，要拼尽全力，才能苦尽甘来。

你不知道，但他一定知道。

自从进入 NBA 以来，科比就从未缺少过关注，从一个高中生一夜成为百万富翁，到现在的亿万富翁，他的知名度在不断上升。洛杉矶如此浮华的一座城市对谁都充满了诱惑，但科比却说："我可没有洛杉矶式的生活。"从他宣布跳过大学加盟 NBA 的那一刻他就很清楚，自己面对的挑战是什么。

每天凌晨四点，当人们还在睡梦中时，科比就已经起床奔向跑道，他要进行 60 分钟的伸展和跑步练习。9∶30 开始的球队集中训练，科比总是最少提前一个小时到达球馆，当然，也正是这样的态度，让科比迅速成长起来。于是，奥尼尔说："从未见过天分这样高，又这样努力的球员。"

十几年弹指一挥间，科比越发得伟大起来，但他从未降低过对自己的要求。挫折、伤病，他从没放弃过。右手伤了就练左手，手指伤了无所谓，脚踝扭到只要能上场就绝不缺赛，背部僵硬，膝盖积水……一次次的伤病造就出来的只是更强的科比·布莱恩特。于是你看到的永远如你从科比口中听到的一样："只有我才能使自己停下来，他们不可能打倒我，除非杀了我，而任何不能杀了我的就只会令我更坚强。"

当然，想要成功绝不是说一句励志语那么简单，而相同的话与他同时代的很多人都曾说过，但现在我们发现，有些人黯然收场，有些人晚景凄凉，有些人步履蹒跚。96 黄金一代，能与年轻人一争朝夕的就只剩下了科比。

"在奋斗过程中,我学会了怎样打球,我想那就是作为职业球员的全部,你明白了你不可能每晚都打得很好,但你不停地奋斗会有好事到来的。"这就是科比,那个战神科比。

在很多时候,我们似乎更倾向于一种"天才论",认为有一种人天生就是做事的料,所以在某一领域尤为突出的人,时常被我们称之为"天才"。譬如科比,你可能认为他就是个篮球天才,的确,这需要一定的天赋,但若真以天赋论,科比不及同时代的麦格雷迪,若以起点论,科比更不及同年的选秀状元艾弗森,何以如今有如此不同的境遇?答案就是在孤独中挥洒汗水,是异于常人的勤奋造就了一个不朽的传奇。

天才源于勤奋,只是我们经常在感叹别人成为天才的同时,忽略了一个事实:人生下来是一样的,都具备一样的大脑、一样的思维,在生命之初都没有表现出异于常人的特点。而那些人之所以能够成为天才,是因为他们明白:"勤"字成大事,"惰"字误人生。有了这种意识,他们也就有了成为天才的一种精神,再加上格外勤奋的一双手脚、一个智慧的大脑,天才就在这大千世界里找到了最适合自己的位置。

所以努力吧!你也可以成为天才。十年不算晚,20年、30年不算晚,重要的是一生都在努力,即使这会让你感到孤独。

理想，其实就是一种煎熬

煎熬对每个人来讲，都是不想经历的一种状态，不管是时间的煎熬还是事情的煎熬，都需要你去克服和忍耐。理想并不是梦，它需要去奋斗和努力。不管做什么事情，如果你想成功，就必须要"熬"。

"熬"，需要的不仅仅是时间，更多的是那种不怕痛苦和辛苦的精神和毅力。懂得享受"熬"的时光，才是幸福的开始。

石悦出生在一个普通家庭，性格比较内向，从小到大，成绩一般，无特长。在别人看来，他只是一个资质平庸、将来不可能取得什么成绩的男孩。不过，石悦有一个爱好，就是非常喜欢研究历史。上大学以后，身边的同学都忙着谈情说爱或是玩各种网络游戏，石悦却仍然将自己的课余时间全部用在读史书上。只要一有空，他就一个人来到图书馆。

大学毕业后，石悦通过了公务员考试。工作时，他从来不像其他同事一样没事就聊聊天，看看八卦新闻，他依旧把精力放在研读史书上。在同事们看来，石悦性格孤僻，不愿意与人交朋友。在现实生活中，他烟酒不沾、不打牌不泡吧。下班后，他也不去参加各种休闲活动，而是将自己关在房间里，独自沉浸在那些刀光剑影、富贵浮云的历史往事中，与历史人物对话，有时灵感突来便会将一些有趣的历史故事记录下来。

日积月累，他终于撰写了历史作品——《明朝那些事儿》，在天涯论坛、新浪网站风起云涌，掀起一阵阵热潮，备受广大网民读者的关注，每月的阅读点击率高达百万。有一次，记者向石悦讨取成功经验，他只说了一句带有调侃意味的话："比我有才华的人，没有我努力；比我努力的人，没有我有才华；既比我有才华，又比我努力的人，没有我能熬！"

成功是熬出来的，而不是梦出来的。如果你细心，你就会发现，多数大人物当初都是一些不断努力的小人物。

从古到今，但凡有所成就的人，都曾经历过一番艰苦而孤独的奋斗。奇虎360的掌门人周鸿祎就非常推崇阿甘精神，认为成功是熬出来的，只有像阿甘那样懂得坚持、明白熬的意义的人，才能一步一步地走下去，成为最终的赢家。

生活中的煎熬，其实就是一种历练。如果在这个过程中，你能够正确地对待自己身边的人和事，那么你会发现其实光明就在眼前，自己的美梦会成真。

孤独的人很多，而你在某个时期也会是其中一个。理想不是幻想出来的，当你经历了煎熬的磨炼，才能够品味到梦想的甘甜，才能够得到自己应该拥有的快乐。

别怕板凳十年冷，自古雄才多坚挺

"板凳要坐十年冷"出自南京大学教授韩儒林先生的一副对联："板凳要坐十年冷；文章不写半句空"。范文澜也提倡二冷——"坐冷板凳，吃冷猪头肉"。

无论是韩儒林先生的"板凳要坐十年冷"，还是范文澜先生的"坐冷板凳，吃冷猪头肉"，讲的都是一样的道理。干事业和做学问一样，都要专心致志，不慕荣誉，不受诱惑，不去追求名利，能够忍受寂寞，而且，要做到不跟风，不随大流，坚定自己的信念，不怕受冷落。一个人要想成就自我，就要学会在孤独中坚持，在孤独中磨炼自我。

28岁的刘备，只是一个卖草鞋的小贩。这是一份很卑微的工作，然而为了生存，实现梦想，他不怒不怨。曹操与刘备煮酒论英雄的时候，就曾言：这个世界上就是像你和我一样的，在位居高处的时候能心平气和，在人生失落的时候能够甘心蛰伏的人，才是大英雄。

对于英雄来说，逆境无非是一种历练。刘备不会一直卖草鞋，他在默默地等待着机会，寻找着机会，在等待中磨炼自己的意志。

第四章 生命的美好，总在孤独后绽放

在逆境中，只有学会了等待，耐得住孤独，才能找准时机。要知道，"板凳要坐十年冷"练的是内功。

威里克公司是20世纪70年代英国最为著名的机械制造公司，其产品销往全世界，并代表着当时重型机械制造业的最高水平。许多人毕业后到该公司求职遭拒绝，原因很简单，该公司的高级技术人员爆满，不再需要各种技术人才。但是令人垂涎的待遇和足以自豪、炫耀的地位仍然吸引着成百上千的求职者。

乔治是剑桥大学机械制造业的高才生。和许多人的命运一样，在该公司每年一次的用人测试会上乔治被拒绝录用。其实这时的用人测试会已经徒有虚名了。乔治并没有死心，他发誓一定要进入威里克重型机械制造公司。于是，他采取了一个特殊的策略——假装自己一无所长。

他先找到公司人事部，提出为该公司无偿提供劳动，请求公司分派给他任何工作，他不计任何报酬来完成。公司起初觉得这简直不可思议，但考虑到不用任何花费，也用不着操心，于是便分派他去打扫车间里的废铁屑。

一年来，乔治勤勤恳恳地重复着这种简单但是辛劳的工作。为了糊口，下班后他还要去酒吧打工。这样，虽然得到老板及工人们的好感，但是仍然没有一个人提到录用他的问题。

20世纪80年代初，该公司的许多订单纷纷被退回，理由均是产品质量有问题，为此公司将蒙受巨大的损失。公司董事会为了挽救颓势，紧急召开会议商议对策。当会议进行一大半却未见眉

目时，乔治闯入会议室，提出要直接面见总经理。

在会上，乔治把这一问题出现的原因做了令人信服的解释，并且就工程技术上的问题提出了自己的看法，随后拿出了自己对产品的改造设计图。这个设计非常先进，恰到好处地保留了原来机械的优点，同时克服了已出现的弊病。

总经理及董事会的董事见到这个编外清洁工如此精明在行，便询问他的背景以及现状。乔治当即被聘为公司负责生产技术问题的总经理。

原来，乔治在做清扫工时，利用清扫工到处走动的特点，细心察看了整个公司各部门的生产情况，并一一做了详细记录，发现了所存在的技术性问题并想出了解决的办法。为此，他花了近一年的时间搞设计，获得了大量的统计数据，为最后施展才华奠定了基础。

只有心存远大志向，才可能成为杰出人物。但要成功，光是心高气傲远远不够，还要有不怕坐冷板凳的心态。你看那些成功的人，他们几乎都吃过苦，遭过罪，受过冷遇，挨过孤独。庆幸的是，他们都挺了过来。

第四章　生命的美好，总在孤独后绽放

我要一个人默默行走，看看能够走多远

人生在世，不可能事事顺心，追梦旅途中，孤独在所难免。如果我们面对挫折时能够虚怀若谷，保持一种恬淡平和的心境，便是彻悟人生的大度。正如马克思所言："一种美好的心情，比十服良药更能解除生理上的疲惫和痛楚。"在人生的跑道上，不要因为眼前的蝇头小利而沾沾自喜，应该将自己的目光放长远，只有取得了最后的胜利才是最成功的人生。

仙人球是一种很普通的植物，它的生长速度很慢，即使三四年过去了，仍然只有苹果大小，甚至看上去给人一种未老先衰的感觉。人们总喜欢将它放在不起眼的角落里。没多久，它开始被人忘记。然而，有一天它能从角落里突然就绽放一支长喇叭状的花朵，花形优美高雅，色泽亮丽。这时，它的美才被人们发现。可以说，仙人球在经历了数年的默默无闻之后，才换来了一朝的绚烂绽放。

很多时候，我们的才能因为某种原因而未被领导及时发现，像仙人球一样被安置到了一个小小的角落里。这时，我们就要学会忍受孤独，抛开消极情绪，默默地积蓄力量，终有一天你会开

出像仙人球一样令人惊叹的花。

小时候,他很孤独,因为没人陪他玩。他喜欢上画画,经常一个人在家涂鸦。稍大一点,他便用粉笔在灰墙上画小人、火车,还有房子。从上小学开始,他就感觉自己和别人不一样。"别人说,这个孩子清高。其实,我跟别人玩的时候,总觉得有两个我,一个在玩,一个在旁边冷静地看着。"他喜欢画画和看书,想着长大后做名画家。

高考完填志愿时,父母对他的艺术梦坚决反对。他不争,朝父母丢下一句:如果理工科能画画他就念。本来只是任性的推托,未曾想父母真找到了个可以画画的专业,叫"建筑系"。

建筑师是干吗的?当时别说他不知道,全中国也没几个人知道。建筑系在1977年恢复,他上南京工学院(东南大学)时是1981年。不只是建筑系,"文革"结束大学复课,社会正处于一个如饥似渴的青春期氛围。他说,当时的校长是钱钟书的堂弟钱钟韩,曾在欧洲游学六七年,辗转四五个学校,没拿学位就回来了。钱钟韩曾对他说:"别迷信老师,要自学。如果你用功连读三天书,会发现老师根本没备课,直接问几个问题就能让老师下不来台。"

于是到了大二,他开始翘课,常常泡在图书馆里看书,中西哲学、艺术论、历史人文……看得昏天黑地。回想起那个时候,他说:"刚刚改革开放,大家都对外面的世界有着强烈的求知欲。"

毕业后,他进入浙江美院,本想做建筑教育一类的事情,但发现艺术界对建筑一无所知。为了混口饭吃，他在浙江美院下属的公司上班，二十七八岁结婚，生活静好。不过他总觉得不自由，另一个他又在那里观望着，目光冷冽。熬了几年，他终于选择辞职。

接下来的十年里，他周围的那些建筑师们都成了巨富，而他似乎与建筑设计绝缘了，过起了归隐生活，整天泡在工地上和工匠们一起从事体力劳动，在西湖边晃荡、喝茶、看书、访问朋友。

在孤独中，他没有放弃对建筑的思考。不鼓励拆迁、不愿意在老房子上"修旧如新"、不喜欢地标性建筑、几乎不做商业项目，在乡村快速城市化、建筑设计产业化的中国，他始终与潮流保持一定的距离，这使他备受争议，更让他独树一帜，也让他的另类成为伟大。

虽然对传统建筑的偏爱曾让他一度曲高和寡，但他坚守自己的理想。"我要一个人默默行走，看看能够走多远。"基于这种想法，过去八年，从五散房到宁波博物馆以及杭州南宋御街的改造，他都在"另类坚持"："我的原则是改造后，建筑会对你微笑。"

他叫王澍，今年49岁，是中国美术学院建筑艺术学院院长。

2012年5月25日下午，普利兹克奖颁奖典礼在人民大会堂举行，王澍登上领奖台。这个分量等同于"诺贝尔"和"奥斯卡"的国际建筑奖项，第一次落在了中国人手中。

"我得谢谢那些年的孤独时光。"谈起成功的秘诀，王澍说。幼年时因为孤独，培养了画画的兴趣，以及对建筑的一种懵懂概念；毕业后因为孤独，能够静下心来思考，之后的很多设计灵感都来源于那个时期。

我们不能忘记一句话："真正优秀的人一定觉得自己是孤独的，他们也清醒地认识到自己的优秀来源于一份孤独。"

每一条河流都有属于自己的生命曲线，都会流淌出属于自己的生命轨迹。同样地，每一条河流都有自己的梦想，那就是奔向大海。我们的生命，有时就像泥沙，在不知不觉间，沉淀下去，最终实现自己的积累。一旦你沉淀下去了，也许再也不需要努力前进了，但是你却失去了见到阳光的机会。所以，不管你现在处于什么状态，一定要有水的精神，不断积蓄力量，不断冲破障碍。若时机不到，可以逐步积累自己的厚度。当有一天你发现时机已经到来，你就能够奔腾入海，增加自己生命的价值。

第五章
越是纷繁越成空,越是孤独越丰富

越是纷繁越成空,越是孤独越丰富;守得住孤独是纯粹,守不住孤独是浮躁。身居城市的我们,要在喧闹的红尘中,让心开出一朵圣洁的雪莲花。

一份清纯高远的孤独

如果不是不同生命分离开来，我们也便失去了自我，就不会有彼此，更不会有独立于自我而存在的那个浑然一体的客观世界。也许，独立正是生命意义的所在吧。倘若我们忍受不了孤独，体会不了孤独的意义，就无法参透自己与他人、与客观世界的关系，就无法领悟生命的真谛。

伟大的人都是孤独的。很多优秀的人无不是在孤独之中完成了时代赋予的伟大使命。他们清醒地认识到引领时代的风骚来源于一份清纯高远的孤独——这种孤独里没有寂寞，没有害怕。

张海迪是孤独的，这位坐在轮椅上的作家、学者以惊人的专注和坚守完成了很多健全人从来不敢想象的著作，现在的她继邓朴方先生之后成为了中国残联主席。

海伦是孤独的，她在那个黑暗的世界里独品人生之孤独，在孤独之中完成了常人不可想象的业绩。海伦的孤独是很多人灰暗心空的不灭明灯，它让我们能够在黑夜之中也能看到一个比白天更加灿烂美丽的天空。

叶问是孤独的，他是一个喜欢同木桩独处，喜欢同孤独对话的人，在孤独之中，他练成了咏春拳。

阿甘和许三多更是孤独的，他们的孤独不仅是内心的独处，更是别人冷漠的眼光，但他们却以极不入流的智商和特有的愚钝、真诚成就了很多聪明人几辈子的累积也难以企及的成就。

拿破仑是孤独的，亚历山大大帝是孤独的，华盛顿先生也是孤独的……这些伟大的人物都是孤独的，但他们并不寂寞，因为与之相伴的还有时代赋予的使命和责任。而只有在孤独中，他们才能对时代、对社会进行颠覆性的思考。

一个人的欢快抑或孤独事实上与身边人数的多或者少没有必然联系。曾有人言："孤单，是一个人的狂欢；狂欢，是一群人的孤单。"这里的"孤单"是一种百无聊赖的寂寞。很多人害怕孤独的时光，但是，难道在一群人中间我们就不孤单吗？狂欢过后，往往是更加让人难以忍受的寂寞，尤其是那种病态的狂欢，其实就是一种行尸走肉般的无聊与寂寞。

只有在孤独的时光中，我们的心才可以静下来，才能去真正思考那些生命中最重大、最紧迫的问题。

缠绕我的那些诱惑，现在请你离开

诱惑就像是一朵玫瑰，当你看到美丽的花朵的时候，你是否看到了花朵下方的荆棘。对于混迹在红尘中的凡夫俗子，诱惑就像一个巨大的磁场，有着强大的磁力。如果你的心里恰好有贪欲，那么就很容易被这个巨大的磁场吸引。诱惑的磁力往往能够让你变得失去理智。在更多时候，你看不到事物的本质，看到的仅仅是美好。其实这个时候的美好就是一种假象，诱惑你的假象。

春秋时期，卫国第 14 代君王卫懿公偏爱养鹤。他不思进取，荒废朝政，整日与鹤为伴，已然陷入了痴迷的状态。更加过分的是，他竟然为鹤准备了豪华车辇，其待遇比大臣还要高出许多。卫国为了养鹤，每年都需要耗费大量的真金白银，这令满朝文武义愤填膺，百姓怨声载道。

公元前 659 年，外夷北狄部落侵犯卫国，卫懿公命令军队前去平夷。将士们不从，气愤地说道："既然鹤拥有一人之下万人之上的地位，现在就让它去平定战乱吧！"卫懿公束手无策，只得御驾亲征，与狄人战于荥泽。然而，由于军心涣散，士气不振，结果折戟沉沙，死于沙场。后人有诗讽刺卫懿公：曾闻古训戒禽荒，

第五章 越是纷繁越成空，越是孤独越丰富

一鹤谁知便丧邦。荥泽当时遍磷火，可能骑鹤返仙乡？

玩物不可丧志，有些喜好怡情尚可，但若演化成放不下的迷恋，则会得不偿失，最终令你深陷沼泽，难以自拔。

诱惑如毒药，饮与不饮，影响着我们的生活乃至生命。不能让诱惑自己的东西太杂太多，因为它往往会成为失败的契机。

老将军横刀立马，运筹帷幄，屡破强敌，威名远播。他一生淡泊名利，却唯独对瓷器青睐有加，几近痴迷。敌国谋士探得老将军这一嗜好以后，计上心头，决定借此做些文章。

谋士千方百计通过第三方让老将军得知，不远处的一座寺庙，住持为修葺佛堂正在出售多年收藏的瓷器，且件件都是稀世珍品。老将军闻听此讯，立即丢下盔甲，兴冲冲地奔赴寺庙，结果自然是高兴而去，扫兴而归。更可气的是，就在老将军离开的这段时间，敌人乘机攻下了一座城池。

回城后，老将军愤怒不已，他出神地望着手中的一件瓷器，思索着城池陷落的前后。突然，瓷器自手中滑落，多亏老将军反应迅速，在落地之前牢牢将瓷器抓在手中，身上已然惊出了冷汗。老将军心想："我率领千军万马往来于敌阵之间，从未有过一丝惧怕，没想到一件小小的瓷器竟将我吓成这般模样。"想着想着，老将军扬起手，将瓷器狠狠地摔在了地上。

每个人在他的一生之中都会遭遇到形形色色的诱惑，有些人能看破，有些人则看不破，一直在深渊里挣扎。人往往是因为忍受不了孤独，才会在诱惑中迷失，等到失去所有时，方才明白错得离谱。

给自己一些孤独时光，让自己冷静下来，去看清诱惑的本质，感受生命的厚重。诱惑出现时，你只有守住自己，才能让人生走得更加顺利。

传说古希腊有一个海峡女巫，她用自己的歌声诱惑所有经过这里的船员，使他们的船触礁沉没。智勇双全的奥德赛船长勇敢地接受了横渡海峡的任务。为了抵御女巫的歌声，他想出了一个办法：让船员把自己紧紧地绑在桅杆上，这样，即使他听到歌声也无法指挥水手；让所有的船员把耳朵堵上，使他们听不到女巫的歌声。结果，船只顺利地渡过了海峡。

拒绝诱惑，能使人心保持一份纯洁与宁静。这个世界五彩缤纷，要在这样一个多变的世界中保持一颗宁静的心，固然不易，但是，你必须给自己的欲望设置个底线，并让自己严格遵守这个底线，只有这样，我们才能保证自己的幸福指数，不让无尽的欲望毁了我们的幸福。

不以物喜，不以己悲

其实，我们本就很平常——平常的人，平常的生命，过着平常的生活，只是有些时候，我们的心"不平常"了，我们刻意去

第五章　越是纷繁越成空，越是孤独越丰富

追求一些虚无的东西，或者说我们把一些无谓的东西看得过重，于是我们开始忧喜交加、若疯若狂。这会让我们的身与心承载过大的负荷，所以多数时候，我们活得很累。而那些悟透人生真谛的人，他们就不会这样，他们总是把心放在平常处，不以物喜，也不以己悲，所以他们活得总是那么恬然。

居里夫人曾两度获得诺贝尔奖，她的人生态度是怎样的呢？得奖出名之后，她照样钻进实验室里，埋头苦干，而把象征成功和荣誉的金质奖章给小女儿当玩具。一些客人眼见此景非常惊讶，而居里夫人却淡然地笑了，她说："我要让孩子们从小就知道，荣誉就像玩具一样，只能玩玩罢了，绝不能永远地守着它，否则你将一事无成。"

多么精辟的一句话，不管是荣誉还是其他，你若是把它看得太重，一心想着它、念着它，对它的期望过高，那么心就一定会乱，于是出点成绩便沾沾自喜、扬扬自得，受了挫折就垂头丧气、哭天抢地。试想在这样的状态下，我们又怎能安下心做事？所以说，人还是随性一些好，让心中多一点得失随缘的修为，这样，纵使身处逆境，依然能够从容自若，以超然的心情看待苦乐年华，以平常的心情面对一切荣辱，也就是人们常说的"宠辱不惊"。

人生在世，生活中有褒有贬，有毁有誉，有荣有辱，这是人生的寻常际遇，不足为奇。但我们对于这些事情的态度却需要有所注意。有一些人，面对从天而降的灾难，处之泰然，总能使平常和开朗永驻心中；也有一些人面对突变而方寸大乱，甚至一蹶

不振，从此浑浑噩噩。为什么受到同样的心理刺激，不同的人会产生如此大的反差呢？原因在于能否保持一颗平常心，宠辱不惊。

成功时不心花怒放，莺歌燕舞，纵情狂放；失败时也绝不愁眉紧锁，茶饭不思，夜不能寐——这就是平常心。人心平常，便可超脱物外，故达观者宠亦泰然，辱亦淡然。

事实上，只要想明了、悟透了，每个人都做得到。我们根本不需要在意外界带来的刺激，就算现在身份卑微，也不必愁眉苦脸，完全可以快乐地抬着头，尽情享受阳光。我们根本不必去羡慕别人如何如何，只要带着平和的心态，尽所能经营自己的人生价值，我们的人生就是坚实厚重的。

纵然弱水三千，吾只取一瓢饮

"弱水三千，只取一瓢饮"，常常被人们用在感情里。其实，在其他领域，这句话同样是适用的。在我们的生活中，经常有这样的事情发生，我们往往会同时有很多选择，每个选项都是一种美好。如果你这个时候想要抓住所有选项，那么最终你可能一个好结果也得不到；如果你能认准了其中一个，并为之付出自己的努力，那么最终你会发现自己已经得到了整片森林。

第五章　越是纷繁越成空，越是孤独越丰富

人生有三种境界——看山是山，看水是水；看山不是山，看水不是水；看山还是山，看水还是水。

第一种境界，当一个人在人生之初，是纯洁无瑕的，初识世界，一切都是新鲜的，眼睛看见什么就是什么，人家告诉他这是山，他就认识了山，告诉他这是水，他就认识了水。

在第二种境界里，随着年龄渐长，人经历了很多事，就会发现这个世界有着这样那样的问题。随着阅历的加深和我们的成长，在生活中或者是工作中，都会遇到越来越多的问题，而这些问题也越来越复杂，但是要看清事物的本质，要分清黑白是非。这时候的人，心境忧虑，对世界充满了怀疑与否定，所以看山不是山，看水也不是水了。

不少人是经历不到第三种境界的，很多人到了人生的第二种境界就到了人生的终点。追求一生，劳碌一生，心高气傲一生，最后发现自己并没有达成自己的理想，于是抱恨终生。真正到达第三种境界的人，才是人生的大赢家，是少有的智者。这些人通过自己的真心修炼，终于把自己提升到了第三种人生境界，茅塞顿开，回归自然。他们在很多时候会专心致志做自己应该做的事情，他们不会偏离自己的内心，同时，不与旁人有任何计较。任由红尘滚滚，自有清风朗月。面对芜杂世俗之事，一笑了之，了了有何不了。到了这种境界的人看山又是山，看水又是水了。

芸芸众生，乱花迷眼。不管是在感情、事业还是学业方面，甚至生活中一件微不足道的小事，我们都不要太过贪婪，都要看

清本质，懂得取舍。

有一位长年住在山中的印第安人，因为特殊机缘，接受了一位纽约友人的邀请，前往纽约做客。

当纽约友人领着印第安朋友走出机场，正要穿越马路时，印第安朋友对着纽约友人说："你听到蟋蟀的叫声了吗？"

纽约友人大笑："您大概坐飞机坐太久了，这机场的引道连接着高速公路，怎么可能有蟋蟀呢？"

又走了两步，印第安朋友又说："真的有蟋蟀！我清楚地听到了它们的声音。"

纽约友人笑得更大声了："您瞧！那儿正在施工打洞，机械的噪音那么大，怎么会听得到蟋蟀声呢？"

印第安朋友二话不说，走到斑马线旁安全岛的草地上，翻开了一段枯死的树干，便招呼纽约友人前来观看那两只正在高歌的蟋蟀！

纽约友人露出不可置信的表情，直呼不可能："你的听力真是太好了，能在那么吵的环境下听到蟋蟀叫声！"

印第安朋友说："你也可以啊！每个人都可以的！我可以向你借点零钱来做个实验吗？"

"可以！可以！我口袋中大大小小的铜板有十几元，您全拿去用！"

纽约友人很快把钱掏给印第安友人。

"仔细看，尤其是那些原本眼睛没朝我们这儿看的人！"说完，印第安友人把铜板抛向柏油路。突然，有好多人转过头来，甚至有人开始弯下腰来捡钱。

"您瞧，大家的听力都差不多，不一样的地方是，你们纽约人专注的是钱，我专注的是自然与生命。所以听到与听不到，全然在于有没有专注地倾听。"

懂得放弃其实也就是学会得到，放弃了三千弱水，但是你起码还能够得到其中一瓢。

人生本来就不需要太多的金钱，不需要太高的地位，金钱名利不过是身外之物，生不带来死不带去，房子再豪华，睡觉不过三尺宽，何必那么贪心呢？幸福与不幸福之间其实并没有严格的界限，幸福也不过是一种感觉，与物质名利的关系没有那么密切。只要能够快乐地活着，这本身就是很大的幸运。

当你看到诱惑摆在面前时，或许希望自己都能够拥有，但这个时候你要懂得放弃，或许放弃了才能够得到。

静下心来，住进窄门里去

作家余华在谈到他的新作《兄弟》时，说了这样一段话，他说："我最初构思《兄弟》时，是准备写一部十万字左右的小说，可叙述统治了写作，篇幅超过了40万字。写作就这样奇妙，从狭窄开始往往写出宽广，从宽广开始反而写出狭窄。这和人生一模一样，从宽广大路出发的人走到最后常常走投无路，从羊肠小道出发的人却能够走到遥遥的远方。无论写作还是人生，都应该从窄处开始，不要被宽阔的大门所迷惑，那里面的路没有多长。"

窄处是孤独的，但孤独的生活不一定是悲剧，很多时候，你的孤独往往能够化作一个坚硬的盾牌，保护着你。如果将孤独比作一道门，那么在孤独门外会有各种喧闹的诱惑，而享受孤独的你则在屋内修养自我。

一位老人总是很认真地给小辈们讲述那个"农夫和扁担"的故事，说是有个农夫买了条新扁担回家，可是横着进不去屋，竖着也进不去屋。农人眉头一皱，想到了一个办法，他"喀嚓"一声把扁担拦腰折断，这回顺利进屋了。

小辈们纷纷取笑农夫。有的说，把扁担顺过来，不就进去了；也有人调笑说，干脆把门阔得宽大些，会省去很多麻烦。老人等的似乎就是这句话，他说，真正有智慧的人，都居住在窄门里，他们从窄处向宽处走。住在宽大的门里，进出虽然方便，却容易滋生惰性。窄门里是冷清的，能坚持这份孤独的人不多，宽门虽然门庭若市，却千人一面。

其实，老人所说是一种生命态度。宽门与窄门，隐含着两种不同的人生哲学。应该说，这个老故事被老人注入了全然不同的内涵，当然，他也一直抱着这种生命态度在生活。

第五章 越是纷繁越成空，越是孤独越丰富

在最艰苦的日子里，老人选择了"住进窄门"。他是个医生，曾经响应号召下了乡，在那里，一个北大医学系的高才生变成了背着药箱跋涉山路的"赤脚医生"。那时，一个年轻漂亮的北京籍女护士出现了，他的心里亮起了一盏明灯，这个女护士后来成为了他的妻子。

他的医术很好，十里八村的老乡每天排着队来找他看病、开药、批假条。遇到病情严重的人，他还要带着乡亲将人抬到几十里外的市医院救治。那段时间很劳累，但他过得很充实。

夜深人静的时候，人都散了，他便点起煤油灯，捧着厚重的医学书籍，如饥似渴地扎入其中。即便是在吃了上顿没下顿的日子里，他也从没有放弃学习。夏天，蚊虫肆虐，他就燃点艾蒿，在烟下读书。遇上大雨天，屋外下雨，屋内也下雨，床头、书桌、诊疗台上摆满各式各样的盆碗，他就蹲在这些叮当作响的盆碗之间，看书、做笔记。寒冬，雪花飞舞，北风透过并不严密的门窗钻进屋子里，凉气袭人，而他心在书里，浑然不觉。

人生犹如一次旅行，在漫长的旅程中，唯有学会拒绝诱惑，才能到达成功的彼岸。学会享受孤独，因为孤独往往能够帮助我们认清自我，让自己找到属于自己的目标。

理智地面对身边的诱惑，让自己的人生拥有独立的空间，不要因为暂时的困境，而放弃了自己的理想，更不要因为自己暂时的孤独，而选择投靠外界的诱惑。要知道诱惑往往是一个个的陷阱，陷下去就是万劫不复。

坚持会很孤独，但我需要坚持

股神巴菲特有一句名言："如果你持有一种股票没有十年的准备，那么连十分钟都不要持有。"这里说的就是专注的问题。我们都特别迷信一些天才，认为他们在各方面都很出色。但是，首先你应该明白，他，无论是谁，每次也只专注于一件事。

很多所谓的成功人士，也并非我们想象的全才，都有他们的弱项。他们之所以成功，也并非他们是天才，而是因为他们在自己所从事的事情上做到了专注。专注自己脚下的路，往往会让一个人充满力量，这种力量能够帮助他克服很多的痛苦。

嘉信理财的董事长兼CEO施瓦布从小文科成绩都是"大红灯笼高高挂"。他的读写速度很慢，英文课需要阅读经典名著时，只能从漫画版本下手。但是施瓦布之后凭借优异的数理成绩，进入美国名校斯坦福大学就读。他发现商业课程对他而言比较容易，于是选择经济为主修，在英文及法文仍然不及格的同时，投注全力于商学领域，获得MBA学位。毕业时，他向叔叔借了十万美元，开始自己的事业。1974年，他于旧金山创立的公司，如今已名列《财富》杂志500家大企业，拥有2.6万多名员工。

时至今日，施瓦布的读写能力仍然不怎么样，但是他却能够成功，原因很简单，就是因为他专注于自己喜欢的事情，专注于脚下自己选择的道路。这样一来，他的成功也就成为了生命中的必然。

在通往成功的路上，人可能会受到各种各样的诱惑，因而不能专心做好一件事。这个时候，我们应该主动给自己留一些孤独时光。孤独中，我们更容易一心一意，摒除干扰，专注于我们正在从事的事情，那么成功相对就容易很多。

专注于自己脚下的路，不要过多地看路边的野花。野花的存在虽然会舒畅你的心情，但也会扰乱你的思绪，成为你前进的阻碍。

坚持做好自己手上的事情，专注自己脚下的道路，总有一天我们会发现，潺潺的小溪已汇成奔腾的江海，稚嫩的幼芽已长成可以遮阴的大树，无数的碎石已铺成宽广的大路，自己已经成为了一个成功的人。

冠军永远跑在掌声之前

于丹在讲《庄子心得》时，曾经说过一句话："冠军永远跑在掌声之前。"不错，作为赢家，作为冠军，在他成功之前没有人知道他会成功。与其说他跑在竞赛的跑道上，不如说他跑在我们无法体会的无边孤独里。

李安26岁时，决定去美国电影学院学习，但是父亲坚决反对这件事，并对他说：纽约百老汇每年有几万人去争几个角色，电影这条路根本行不通。他丝毫未动摇，义无反顾地漂洋过海去了美国。离开时，他只是一个羞涩、腼腆的青年，而如今呢？

作为一个男人，在毕业后的整整六年时间里，他不但没有工作，反而待在家里做饭带小孩。为此，他的岳父岳母委婉地对自己的女儿说："整天无所事事，我们不如资助你丈夫一笔钱，让他开个餐馆。"他自知如果一直这样拖下去，最终将一事无成，但也不愿拿别人的钱来开展自己的事业。于是，他决定去社区大学上计算机课，争取找一份安稳的工作。他怕妻子知道这件事，一个人悄悄地去社区大学报名。一天下午，他的妻子在收拾衣物时，无意间发现了他的计算机课程表。她并不高兴，反而顺手把这个课程表撕掉了，并对他说："你一定要坚持你的理想。"

有这样一位明事理的妻子，李安感到十分高兴，因此他放弃了学习计算机。

六年后，当李安带着自己第一部独立执导的电影《推手》闯进人们的视野时，人们看到的不是初出茅庐的青涩，而是《推手》中稳健而独立的关于中西文化碰撞的观点。这就是获得奥斯卡最佳导演奖的华人——李安。

谁都想成为下一个李安，但是又能有几个人能承受得了六年

第五章　越是纷繁越成空，越是孤独越丰富

的孤独？要知道，六年的孤独甚至可以削平一个意志力薄弱的人的斗志，即便我们有李安一样的才华，又有几个人有足够的耐性，能够一直等到成功。有这么一句话："我什么都能抵制，除了诱惑。"一直以来，坚持的头号大敌就是诱惑，很多人就是禁不起诱惑、耐不住孤独，而最终走向了失败的。

耐不住孤独，抗不了诱惑，常令我们丧失了斗志，偏离了方向，始终登不上成功的船。任何一个想在春花秋月中轻松获得成功的人，都是痴人说梦。这孤独的过程正是积蓄力量，在开花前奋力汲取营养的阶段。如果你丝毫不愿忍受孤独，成功永远不会降临在你身上。

生活中，很多人因功名利禄迷失方向，常常忘了人生真正的意义；而那些能够淡泊名利的人，却能在淡泊中参透人生的玄机，悟出人生哲理。庄子就是这样的例子。楚国请他回朝做官他不肯去，宁愿守着心田，静静地"独与天地精神往来"。这就是人生的一种大境界。他在承受孤独的同时，也守住了自己的内心，给自己的生命以更加开阔的天地，才最终成为有名的哲学家。

对于生活来说，成功者总是先学会努力地奔跑，再学会享受掌声。黎巴嫩诗人纪伯伦说："我们已经走得太远，以至于我们忘记了为什么而出发。"很多人都渴望辉煌，追逐熙熙攘攘的热闹，追求繁华背后的灿烂，结果在不断地追逐中迷失自我。

要成就一番事业，实现人生追求，一定要有这种"八风吹不动，独坐紫金台"的冷静与执着、平淡与坚守。板凳要坐十年

冷，话语不说半句空，远离诱惑，敬谢浮名，认真做事，清白做人。学会从喧嚣中突围，在诱惑前自律，耐得孤独，求真务实，独善其身，积极进取，我们应该提倡这种精神，更要保持这种清醒。

彷徨苦闷的时候，试着让自己静下来

经历了苦寒的人生是悲痛的，然而正是这种悲痛中人类最宝贵的品质发了光。只有坚韧的人才能在经历风雨之后，体味到成功的芬芳。

当年，24岁的卡耐基不无悲哀地放弃了演艺生涯，流落在曼哈顿街头。他无数次地问自己：我的前途在哪里？我的希望在哪里？我热烈憧憬充满活力的人生在哪里？为自己轻蔑的工作而起早贪黑地忙碌，住在与螳螂为伍的陋室，吃着简单粗陋的食物，这就是我的人生吗？他找不到出路，看不到希望，忧虑和烦恼使他患了偏头疼的病。他无所适从，痛苦难耐。

一天，卡耐基偶然在"商联会"大厦前遇到一位左手齐腕切断的年轻人。同情和怜悯使他走过去，和小伙子攀谈起来。小伙子十分乐观地告诉卡耐基，他的手是被轧钢机轧断的，手虽然没

第五章　越是纷繁越成空，越是孤独越丰富

有了，可是命还在呀！卡耐基问他生活是否困难，是否经常被烦恼所困扰。小伙子笑了笑，说："不会的。我早就忘了这件事了。只是在缝衣服的时候，才会想起自己少了一只左手。"短短的几句话，却深深打动了卡耐基的心，并使他受到启发：一个人在不得已时，不论什么状态都要接受它；至于已经过去的事，多想也没有用，只能尽快忘掉它。

他开始寻找自己烦恼的原因：疲惫不堪和工作了无兴趣，导致推销工作失败；大学期间的辉煌之梦被现实生活击碎，舞台生涯的彻底失败和生活的四处奔波……新的忧郁和旧的烦恼像水滴一样，不断地滴下来……使他痛苦不堪，几乎要到精神崩溃的边缘。卡耐基扪心自问：我日夜忧虑，对目前的困境究竟有什么益处呢？想到此，他一骨碌爬起来，拿出纸和笔，在简陋的书桌上梳理自己的人生。他在白纸上写出这样几个问题：

1. 过去已经逝去，未来尚未可知，你想生活在昨天、今天还是明天？

2. 令我烦恼和忧虑的问题究竟是什么？有什么万全的应对之策？

3. 如果把忧虑的时间用来行动，我会得到什么？我的梦想是什么？

卡耐基就这样不断地追问自己，写呀画呀，画呀写呀。当黎明来临的时候，一丝曙光也照亮了他的心。

卡耐基就是用这种方法，顺利度过了彷徨苦闷的时期，迎来

了创立自己事业的新起点。

人生之路本来就不是一路平坦的，很多时候，没有鲜花也没有掌声，而是荆棘密布。但在这个过程中，要守住孤独，勇敢地走下去。如果你做到了，那么你就能赢得自己的绚烂人生。

对于智者来说，孤独是一种高品位的追求，去追求这种品位会让自己的内心得到满足，同样，孤独也是风平浪静后的一份淡然，淡然之后才会有辉煌的出现。孤独又是辉煌过后的一份谦逊，谦逊的人生才会是完美的人生。孤独是对生命的一种善待，善待了自己的孤独，也就等于善待了自己的心灵。孤独也是一种修为，这种修为的力量可大可小。

也许，孤独时期对于有些人来说，是人生的低谷，但其实它是最关键的一个时间段，守住了孤独就等于见到了希望。孤独面前，有很多人忍受不住，于是打破平静，被浮躁所俘获。岂不料，在这个充满着诱惑的世界里，浮躁的人很容易失去方向、迷失自己。世界很精彩，世界也很无奈，浮华之前那份孤独显得苍白无力，微不足道，然而守不住孤独也就等于放弃了自己的执着和梦想，最终会一直处在低谷中无法脱身。只有守住孤独的人，才能把低谷作为新的起点，赢得自己精彩的人生。

第五章　越是纷繁越成空，越是孤独越丰富

做一个孤独的散步者

人缺少的往往是一份自己独处的淡定的心，太过喧嚣的生活环境里，我们更容易迷失自我。不如像黑格尔说的那样："背起行囊，独自旅行，做一个孤独的散步者。"

很多人喜欢三毛，喜欢她对自由的诠释。可是，为何这么多年过去，再没有出现一个三毛一样的人？为什么她的自由只能被默默欣赏，而无法直接效仿呢？因为我们害怕孤独，无法像她一样摆脱尘世的杂念，故而得不到她那样的自由。

我们崇拜三毛行走在撒哈拉大沙漠里的洒脱，可大部分人只敢跟着旅行团走马观花，又有几人愿意背起简单的行囊独自去旅行呢？我们大多数人都是这复杂世界中的一颗棋子，心甘情愿地接受他人的摆布，这些包括我们的亲人、朋友、上司，甚至可能是这世界上的任何一个人。我们害怕如果不接受摆布就会被排斥，我们无法承受那样的孤独，所以当三毛的心飞向自由时，我们心甘情愿地被束缚。

也有人认为三毛很软弱，因为她的文字总是写满忧伤，她的故事里总是带着感伤。但谁又能说，这不是三毛对内心孤独的一种面对与释放呢?

　　三毛的孤独来自于她对"自己"二字的定义。三毛说:"在我的生活里,我就是主角。对于他人的生活,我们充其量只是一份暗示、一种鼓励、启发,还有真诚的关爱。这些态度,可能因而丰富了他人的生活,但这没有可能发展为——代办他人的生命。我们当不起完全为另一个生命而活——即使他人给予这份权利。坚持自己该做的事情,是一种勇气。"

　　现代的女性虽然不再像古时那样嫁夫从夫、三从四德,可大部分女人还是心甘情愿地牺牲自己来成全男人,直到伤得体无完肤,才知道什么叫"爱自己"。三毛也很爱荷西,可她从来没有因为爱荷西而失去自我,她说:"我不是荷西的'另一半',我就是我自己,我是完整的。"为了自己,三毛孤独地生活着。

　　在《稻草人手记》的序言里,有这样一段描写,一只麻雀落在稻草人身上,嘲笑它"这个傻瓜,还以为自己真能守麦田呢?他不过是个不会动的草人罢了"。话落,它开始张狂地啄稻草人的帽子,而这个稻草人像是没有感觉一般,眼睛不动地望着那一片金色的麦田,直直张着自己枯瘦的手臂。然而当晚风拍打它单薄的破衣裳时,稻草人竟露出了那不变的微笑来。三毛就像这稻草人,执着地微笑着守护内心中那片孤独的麦田。

　　作家司马中原说:"如果生命是一朵云,它的绚丽,它的光灿,它的变幻和飘流,都是很自然的,只因为它是一朵云。三毛就是这样,用她云一般的生命,舒展成随心所欲的形象,无论生命的感受，是甜蜜或是悲凄，她都无意矫饰，行间字里，处处是无声的歌吟，我们用心灵可以听见那种歌声，美如天籁。被文明捆绑着的人，多惯于世俗的烦琐，迷失而不自知。"

世人根本没有必要为三毛难过，而应该为她高兴，因为她找到了梦中的橄榄树。在流浪的路上，她随手撒播的丝路花语，无时不在治疗着一代人的青春疾患，她的传奇经历已成为一代青年的梦，她的作品已成为一代青年的情结。她虽死犹生。

给自己一些孤独时光，做一个孤独的散步者，你会越走越和谐，越走越从容，越走越懂得享受人与人之间一切平凡而卑微的喜悦。当有一天，走到天人合一的境界时，世上再也不会出现束缚心灵的愁苦与欲望，那份真正的生之自由就在眼前了。

到心灵静谧的地方走一走

欲望是无尽的，特别是对于我们有限的一生来说，我们能够实现的欲望实在太少。而对于大多数人来说，更多的时候生活都是处于一种平淡的状态，而正是这样平平淡淡的生活当中，才蕴涵了我们苦苦追求的幸福。

但是，有太多的人总是过多地追求欲望的实现，而忽视了平淡当中蕴藏的幸福。我们无言地承受着欲望给我们带来的痛苦，可是却忘记了上帝赐予我们人生的礼物——幸福。对于大多数人来说，平平淡淡就是幸福。幸福就在我们每一个人的身边，何须千山万水地去寻找呢？

有一天，巴菲特先生接受一家杂志的采访，他穿着卡其布的裤子、夹克，系着一条领带。"我专门为此打扮了一番的。"他有点不好意思地说道。

他的女儿苏珊曾经这样评价他说："有一天，我和妈妈去商场，说：'咱们给他买一套新西服吧……他穿了30年的衣服我们看都看烦了。'所以，我就给他买了一件驼绒的运动夹克，仅仅是为了让他有两件新衣服。但是，他让我把衣服退掉。他说：'我有一件驼绒的运动夹克和一件蓝色运动夹克了。'他说话的语气显然是非常地严肃，我不得不把衣服退掉。最后，我拿了一套衣服就出去了，他不知道。我甚至连衣服上的价格标签都没有看一眼。我在寻找一些穿着舒适且看起来样式有些保守的衣服。如果衣服的样子不是极端地保守，他也不会穿的。"

苏珊继续补充说："他不把衣服穿到非常破旧是不可能换的。"

当然，实际上没有人会在意巴菲特工作的时候，穿的是晚礼服还是游泳衣。

其实，巴菲特的低预算风格是人尽皆知的。《华盛顿晚报》的凯瑟琳曾经这样说起她的商业老师："他这个人非常地节俭，有一次在一家机场，我向他借一角硬币打个电话，他为把25美分的硬

第五章　越是纷繁越成空，越是孤独越丰富

币换成零钱走出了好远。'沃伦，'我大声地叫道，'25 美分的硬币也行啊！'他有点羞怯地把钱递给了我。"

巴菲特总是自己开车，衣服穿到烂为止，最喜欢的运动不是高尔夫，而是桥牌；最喜欢吃的食品不是鱼子酱，而是玉米花；最喜欢喝的不是 XO 之类的名酒，而是百事可乐。当我们看到这个地球上的富翁也在过着和平常人一样的生活，那么我们普通的老百姓又有什么不知足的呢？

人生本来就是一个变化无常的过程，过分地执着则绝对是一种人生的大不智。

可能你是一个大忙人，为了生意上的事情东奔西走，苦心经营，风餐露宿，历尽艰辛。即使你财运亨通，但是也让你感到精疲力竭。其实人生之乐在于平淡，不在于高官厚禄，不在于香车宝马，不在于娇美妻子，不在于锦衣玉食，而在于平淡当中的真实，真实当中的平淡。

追鹿的人是无法看到山的，捕鱼的人是无法欣赏到水的。他们只为了一个目的，而忽视了身旁的美景与灵动。如果是站在山涧，倾听那潺潺的流水声、鸟语声，怎一个清字了得？闭上眼睛，想象着这么一幅画：瓦蓝的天空，和煦的阳光，连绵的山脉，休憩的马匹，甚至就连那流动的河水也停止了。

这是多么平静淡雅的生活，多么令人向往。每个人心中都应该有那么一个宁谧的地方。每当我们遇到不如意的时候，让我们抛开那些不如意吧，到那心灵中静谧的地方走一走，何须行路匆匆呢？

137

第六章
做自己，与他人无关

我们不是人民币，做不到让谁都欢喜。做自己想做的事，走自己想走的路，虽然会感觉孤独甚至会招致歧视，但并不意味着那就是过错。让懂的人懂，让不懂的人不懂，不管岁月流年，不管蜚语流言。

我愿意保持我的本来面目

　　如果可以，谁都希望给所遇到的每一个人留下良好印象，但是，没有必要为了迎合别人的口味，而放弃自己的理想、原则、追求和个性，否则，将是人生中最大的悲哀。

　　张谦从青春年少熬到斑斑白发，却还只是个小职员。他为此极不快乐，每次想起来就掉泪。有一天下班了，他心情不好没有急着回家，想想自己毫无成就的一生，越发伤心，竟然在办公室里号啕大哭起来。

　　这让同样没有下班回家的一位同事小李慌了手脚。小李大学毕业，刚刚调到这里工作，人很热心。他见张谦伤心的样子，觉得很奇怪，便问他到底为什么难过。

　　张谦说："我怎么不难过？年轻的时候，我的上司爱好文学，我便学着做诗、写文章。想不到刚觉得有点小成绩了，却又换了一位爱好科学的上司，我赶紧又改学数学、研究物理，不料上司嫌我学历太浅，不够老成，还是不重用我。后来换了现在这位上司，我自认文武兼备，人也老成了，谁知上司又喜欢青年才俊，我……我眼看年龄渐高，就要退休了，一事无成，怎么不难过？"

第六章　做自己，与他人无关

可见，没有自我的生活是苦不堪言的，没有自我的人生是索然无味的，丧失自我是悲哀的。要想拥有美好的生活，必须自强自立，拥有良好的生存能力。没有生存能力又缺乏自信的人，肯定没有自我。一个人若失去自我，就没有做人的尊严，就不能获得别人的尊重。

张谦的做法不禁让人想起了一个笑话，一个小贩弄了一大筐新鲜的葡萄在路边叫卖。他喊道："甜葡萄，葡萄不甜不要钱！"可是有一个孕妇刚好要买酸葡萄，结果这个买主就走掉了。小贩一想，忙改口喊道："卖酸葡萄，葡萄不酸不要钱！"可是任凭喊破嗓子，从他身边走过的情侣、学生、老人都不买他的葡萄，还说这人是不是有病啊，酸葡萄卖给谁吃啊！再后来，卖葡萄的就开始喊了："卖葡萄来，不酸不甜的葡萄！"

可见，活着应该是为了充实自己，而不是为了迎合别人的旨意。没有自我的人，总是考虑别人的看法，这是在为别人而活着，所以活得很累。就像上面故事中的张谦，一味地迎合自己的领导，可是这恰恰使他失去了自己最宝贵的东西——真我本色。而在他不断地根据不同领导的口味调整自己做人与做事的"策略"的时候，时间飞快地流逝，同时他也真正失去了成功的机会，落得一事无成。

一个人的主见往往代表了一个人的个性，一个为了迎合别人而抹杀自己个性的人，就如同一只电灯泡里面的保险丝烧断了一样，再也没有发亮的机会。无论如何，你要保持自己的本色，坚持做你自己。

蜚声世界影坛的意大利著名电影明星索菲亚·罗兰能够成为令世人瞩目的超级影星，是和她对自己价值的肯定以及她的自信心分不开的。

为了生存，以及对电影事业的热爱，16岁的罗兰来到了罗马，想在这里涉足电影界。没想到，第一次试镜就失败了，所有的摄影师都说她够不上美人标准，抱怨她的鼻子和臀部。没办法，导演卡洛·庞蒂只好把她叫到办公室，建议她把臀部削减一点儿，把鼻子缩短一点儿。一般情况下，许多演员都对导演言听计从。可是，小小年纪的罗兰却非常有勇气和主见，拒绝了对方的要求。她说："我当然懂得因为我的外型跟已经成名的那些女演员颇有不同，她们都相貌出众，五官端正，而我却不是这样。我的脸毛病太多，但这些毛病加在一起反而会更有魅力呢。如果我的鼻子上有一个肿块，我会毫不犹豫把它除掉。但是，说我的鼻子太长，那是无道理的，因为我知道，鼻子是脸的主要部分，它使脸具有特点。我喜欢我的鼻子和脸本来的样子。说实在的，我的脸确实与众不同，但是我为什么要长得跟别人一样呢？

"我要保持我的本色，我什么也不愿改变。

"我愿意保持我的本来面目。"

正是由于罗兰的坚持，使导演卡洛·庞蒂重新审视，并真正认识了索菲亚·罗兰，开始了解她并且欣赏她。

罗兰没有对摄影师们的话言听计从，没有为迎合别人而放弃自己的个性，没有因为别人而丧失信心，所以她才得以在电影中充分展示她的与众不同的美。而且，她的独特外貌和热情、开朗、奔放的气质开始得到人们的承认。后来，她主演的《两妇人》获得巨大成功，并因此而荣获奥斯卡最佳女演员奖金像奖。

虚荣是一种欲望，一旦这种欲望得不到理性的控制，就会泛滥。泛滥的结果就是会使人忘记了一个深刻的道理：做人切忌盲从，别人觉得好的，未必就适合你。对于任何一个人来说，无论是在工作中还是在生活中，最重要的不是为了迎合别人而改变自己，而是要保持本色，做最好的自己。

生命中最该取悦的那个人

人的本性趋向于寻求他人的赞美和肯定，尤其对于有威望或有控制力的对象（如父母、老师、上司、名人名流等），他们的赞美、肯定更加重要。取悦者会沉迷于取悦行为所换得的肯定，这很好解释，如果某件事让人有了愉悦的体会，那他就可能持续做这件事，以便继续维持这种美好的感觉。

但，我们得到的感觉其实并不美好。

为了取悦别人而活着，最终必然丧失真正的自己。只有先取悦自己，做最好的自己，然后才能得到他人的喜欢和尊敬。

一位诗人，他写了不少的诗，也有了一定的名气，可是，他还有相当一部分诗却没有发表出来，也无人欣赏。为此，诗人很苦恼。

诗人有位朋友，是位禅师。这天，诗人向禅师说了自己的苦恼。禅师笑了，指着窗外一株茂盛的植物说："你看，那是什么花？"诗人看了一眼植物说："夜来香。"禅师说："对，这夜来香只在夜晚开放，所以大家才叫它夜来香。那你知道，夜来香为什么不在白天开花，而在夜晚开花吗？"诗人看了看禅师，摇了摇头。

禅师笑着说："夜晚开花，并无人注意，它开花，只为了取悦自己！"诗人吃了一惊："取悦自己？"禅师笑道："白天开放的花，都是为了引人注目，得到他人的赞赏。而这夜来香，在无人欣赏的情况下，依然开放，芳香，它只是为了让自己快乐。一个人，难道还不如一种植物？"

禅师看了看诗人又说："许多人，总是把自己快乐的钥匙交给别人，自己所做的一切都是在做给别人看，让别人来赞赏，仿佛只有这样才能快乐起来。其实，许多时候，我们应该为自己做事。"诗人笑了，他说："我懂了。一个人不是活给别人看的，而是为自己而活，要做一个有意义的自己。"

禅师笑着点了点头，又说："一个人，只有取悦自己，才能不放弃自己；只要取悦了自己，也就提升了自己；只要取悦了自己，才能影响他人。要知道，夜来香夜晚开放，可我们许多人，却都是枕着它的芳香入梦的啊。"

人，如果总是忙着取悦别人，去为别人的期望而生活，就会忽视自己的生活，忽视自己到底喜欢什么、到底想要什么、到底需要什么。最后，已经忽视了自己的存在。可是，你拥有自己的人生，这是你的一项权利，你为什么要放弃？你对自我的放弃，能换来的其实只是更多的蔑视和鄙夷。

所以，别老想着取悦别人，你越在乎别人，就越卑微。只有取悦自己，自尊自爱，才会令你更有价值。一辈子不长，记住，对自己好点。

别在我的身上乱贴标签

你以为以镜照人，就可以得到最真实的影像，殊不知镜子也不是绝对平整、绝对无尘的。若镜面不平，与照哈哈镜不过是程度上的区别而已；若镜面有尘，其真实的程度也会出现折扣。所以，不要以为镜子中的你就是真实的自己。

镜子不带任何感情色彩，都不能做出真实反映，何况是倾向主观的人？所以，别太在意别人对你的评头论足，因为没有谁会像你一样清楚和在乎自己的梦想。无论别人怎么看你,你绝不能打乱自己的节奏,不要让别人否认的目光扰乱你内心的平静。这世上有两种人:一种人会消耗你的能量和创造力;另一种人会给你能量,支持你的创造,或者只是一个简单的微笑。拒绝第一种人。让自己快乐起来,去做自己想做的人。有人不喜欢,由他去吧。

保罗还在上小学的时候,别人就说他是一个笨孩子,老师也认为他根本不可能学到毕业。无形之中,他自己也接受了这些评价和看法,他因此感到很自卑,真把自己当成了一个笨孩子。辍学以后,他也一直做一些临时小工,因为他认为自己只配做这个。

但是,在他30岁的时候,一件意外的事情使他的生活发生了巨大的改变。他偶然去参加一次智力测试,结果令他非常惊讶——他的智商竟然高达161分值,这可是那些天才才拥有的智商啊!而在此之前,他竟然一直把自己当成智力低下的人,整天去干一些零碎的杂活。从那以后,保罗不再相信别人对他的那些错误性、限制性评价了,他开始相信自己,开始努力奋斗。后来,他写了好几本书,取得了几项专利,并且成为了一个很成功的商人,还当选为国际智能组织的主席。

不要因为别人低估你、轻视你,你就随意轻贱自己,不要让别人的错误评价左右你的一生。揭掉别人为你乱贴的标签,找回真实的自己,你的人生一定会很精彩。

其实很多时候,我们事业无成,内心焦虑,恰恰就是因为我们习惯于受到他人影响，无论对错，所做一切只是为了让人家满意。结果别人满意了，我们却失意并焦虑了。我们虽然无法改变别人的看法，但可以做自己。你生活得好了，别人自然高看你。再者说，每个人都有不同的想法，不可能强求统一，讨好每个人是愚蠢的，也是没有必要的。所以我们与其把精力花在一味地去献媚别人、无时无刻地去顺从别人上，还不如把主要精力放在踏踏实实做人上、兢兢业业做事上、刻苦认真学习上。对于我们来说，按照自己的意愿去生活比什么都重要。不要在乎别人的评论，做自己想做的事情，这是作为自我走向成熟的标志。

假如说你只是一只风筝，会身不由己地随风飘曳；假如说你是断梗浮萍，便不得不顺水而动。可你是人，评价于你，顶多是清风拂耳，应该是风过而不留任何痕迹。

我可以忽视，那些反对的声音

面对生活的种种，你需要做的是你自己，你可以参考别人的意见，但不要把它作为命令。

美国成功学大师马尔登讲过这样一个故事：在富兰克林·罗斯福当政期间，我为他太太的一位朋友动过一次手术。罗斯福夫人邀请我到华盛顿的白宫去。我在那里过了一夜，据说隔壁就是林肯总统曾经睡过的地方。我感到非常荣幸。岂止荣幸？简直受宠若惊。那天夜里我一直没睡。我用白宫的文具纸张写信给我的母亲、给我的朋友，甚至还给我的一些冤家也写了信。

"麦克斯，"我在心里对自己说，"你来到这里了。"

早晨，我下楼用早餐，罗斯福总统夫人是那里的女主人。她是一位可爱的美人，她的眼中露着特别迷人的神色。我吃着盘中的炒蛋，接着又来了满满一托盘的鲑鱼。我几乎什么都吃，但对鲑鱼一向讨厌。我畏惧地对着那些鲑鱼发呆。

罗斯福夫人向我微微笑了一下。"富兰克林喜欢吃鲑鱼。"她说，指的是总统先生。

我考虑了一下。"我何人耶？"我心里想，"竟敢拒吃鲑鱼？总统既然觉得很好吃，我就不能觉得很好吃吗？"

于是，我切了鲑鱼，将它们与炒蛋一道吃了下去。结果，那天午后我一直感到不舒服，直到晚上，仍然感到要呕吐。

我说这个故事有什么意义？

很简单。

我没有接受自己的意见。

我并不想吃鲑鱼，也不必去吃。为了表示敬意，我勉强效犟了总统。我背叛了自己，站在了不属于自己的位置上。那是一次小小的背叛，它的恶果很小，没有多久就消失了。

这件事指出走向成功之道最常碰到的陷阱之一。记着这句话：

第六章 做自己，与他人无关

你的最可靠的指针，是接受你自己的意见。

关于你的未来，只有你自己才知道。既然解释不清，那就不要去解释。没有人在意你的青春，也别让别人左右了你的青春。想要成为一个真正的人，首先必须是个不盲从的人。你的心灵的完整性是不容侵犯的，当我们放弃自己的立场，而想用别人的观点去看一件事的时候，错误便造成了！一个人只要认为自己的立场和观点正确，就要勇于坚持下去，而不必在乎别人如何去评价。

多年前，在日本福冈县立初中的一间教室里，美术老师正在组织一场绘画比赛。同学们都在认真地按照要求画着画，只有一个小家伙缩在教室的最后一排。他实在不喜欢老师定的命题，于是便信手涂鸦起来。

到了上交作品的时间了，老师看着一张张作品，不住地点头，他深为自己的教育成果感到满意，作品里已经有了学生们自己的领悟，可以说，是对日本传统画作的继承和发展。

但唯有一张画让他大跌眼镜，作者是个叫臼井的家伙，老师的目光从画作上移到了最后一排，接着看见这个名不见经传、有些另类却又有些特立独行的家伙在冲着他冷笑。

他大声怒斥起来："臼井，你知道你画的是什么吗？简直是在糟蹋艺术。"

小家伙闻听此言，吓得将脑袋垂了下来，老师接下来让大家轮流传看臼井的作品，他用红笔在作品的后面打了无数个"叉叉"，意思是说这部作品坏到了极点。

他画的是一幅漫画，一个小家伙正站在地平线上撒尿，如此的不合时宜，如此的不伦不类。

这个叫臼井的家伙一夜出了坏名，学生们都知道了关于他的"光荣事迹"。

这一度打消了他继续画画的积极性，他天生不喜欢那些中规中矩的传统作品，他喜欢信手胡来、一气呵成，让人看了有些不解，却又无法对他横加指责。

在老师的管制下，他开始沿着正统的道路发展，但他在这方面的悟性实在太差了。

期末考试时，他美术考了个倒数第一名，老师认为他拖了自己班的后腿，命令他的家长带着他离开学校。

他辍了学，连最起码的受教育的权利也被剥夺了，于是，他开始了流浪生涯。不喜欢被束缚的他整日里与苍山为伍，与地平线为伴，这更加剧了他的狂妄不羁。

那一年春天，《漫画 ACTION》杂志上发表了《不良百货商场》的漫画作品，里面的小人物不拘一格，让人忍俊不禁，看来爱不释手。作品一上市，居然引起了强烈的反响，受到长久束缚的日本人在生活方式上得到了一次新的启发，他们喜欢这样的作品。

又一年，一部叫《蜡笔小新》的漫画风靡开来，漫画中的小新生性顽皮，被拍成动画片后，所有人都记住了小新，以至于不得不加拍了连载。

第六章 做自己，与他人无关

臼井仪人，这个天生邪气逼人的漫画家注定不会走传统的老路，如果他仍然沿着美术老师为自己铺好的道路发展，恐怕这世上不会有蜡笔小新的诞生。

一个人能认清自己的才能，找到自己的方向，已经不容易；更不容易的是，能抗拒潮流的冲击。许多人仅仅为了某件事情时髦或流行，就跟着别人随波逐流而去。他们忘了衡量自己的才干与兴趣，因此把原有的才干也付诸东流，所得只是一时的热闹，而失去了真正成功的机会。

如果我们真的成熟了，就不要再怯懦地到避难所里去顺应环境；我们不必藏在人群当中，不敢把自己的独特性表现出来；我们不必盲目顺从他人的思想，而是凡事有自己的观点与主张。坚持一项并不被人支持的原则，或不随便迁就一项普遍为人支持的原则，固然不易，但是只要你做了，就一定会赢得别人的尊重，体现出自己的价值。

别让别人替你做决定

那时，她还是小女孩。有一次母亲带她一起整理鞋柜，鞋柜里脏乱不堪，有的鞋子已经变形和开裂得丑陋不堪，尤其是父亲的那双鞋,还散发着一种难闻的汗臭味。她便建议母亲扔掉那些鞋子。可母亲抚摸一下她的头发,说:"傻丫头,这些鞋都是有特殊意义的。"随后,母亲拿起一双浅口红皮鞋,满脸的幸福和温情,回忆起和她父亲的相识:

"17岁那年,我遇到你父亲,拿不定主意是否嫁给他,我的母亲说,那就要他给你买双鞋吧,从男人买什么样的鞋就能看出他的为人。我有点不相信,直到他将这双红皮鞋送到我跟前。母亲说,红色代表火热,浅口软皮代表舒适,半高跟代表稳重,昂贵的鳄鱼皮代表他的忠诚。放心吧,这是一个真爱你的男人。"

从那以后,她开始珍惜父母送给她的每一双鞋子,当她成为拉普拉塔大学法律系的一名学生时,她已经收藏了好多双不同款式的高跟鞋。而法律系有一个来自南方的青年,英俊潇洒,口才超群,悄然地走入她这位怀春少女的心田。终于在大三时两人捅破了相隔的那层纸,将同窗关系发展为恋爱关系。她陶醉在甜蜜的爱情之中,被这火热的感情所鼓舞,于是带着如意情郎去见父母。母亲对这个邮政工人的儿子能否给女儿的未来带来幸福表示怀疑,在女儿耳边轻轻对女儿说:"让他给你买双鞋看看吧!"她觉得是个好主意,就照办了。

然而,傻乎乎的情郎不知是测试,想既然是为恋人买鞋就得尊重她的意见,硬拖着屡次推却的情人一起去。然而买鞋那天,平时喜欢滔滔宏论的她始终一声不吭,结果两人逛了大半天都毫无所获。最后,他们来到一家欧洲品牌鞋店,有两双白色皮鞋看

第六章 做自己，与他人无关

上去不错，他知道意中人喜欢白色，于是柔声问她："你想要高跟的，还是平跟的？"她心不在焉地随口答道："我拿不定主意，你看哪双好呢？"他略加思索后，说："那就等你想好了再来吧！"于是，他拉着怏怏不乐的她，离开了。

几天后，他非常认真地问她："想好买哪双了吗？"她依然是漠不关心地说没有。熬着，熬着，这"木头"情郎终于"开窍"了，说出了她期待已久的话："那就只好让我替你做主了！"她兴奋地等待了三天，终于等到了他的礼物，不过他吩咐她不要当面打开。

晚上，她将鞋盒抱回家，和母亲一起怀着激动的心情将礼物打开，出现在眼前的两只鞋居然是一只高跟一只平跟。她气得脸色发青，恨恨地咬着牙齿，砰地一声关上闺门，蒙在被子里号啕大哭起来。她的父亲也勃然大怒："明天约他来吃晚餐，看他如何解释，我女儿可不是跛子！"

第二天，他应邀登门，面对质问，却不慌不忙地说："我想告诉我心爱的人，自己的事情要自己拿主意。当别人做出错误的决定时，受害者就会是自己！"随后，他从包里拿出另外两只一高一矮的鞋子，说，"以后你可以穿平跟鞋去看足球，穿高跟鞋去看电影。"父亲在女儿的耳边悄声而激动地说："嫁给他！"

"木头"情郎叫费尔兰多·基什内尔，2003年当选为阿根廷总统，而她就是第一夫人克里斯蒂娜·赞尔兰。2007年12月10日，克里斯蒂娜从卸任阿根廷总统的丈夫手中接过象征总统权力的权杖，成为阿根廷历史上第一位民选女总统。他们夫妇交接总统权杖，成为现代历史上第一例。

不要总是让别人替你做主，包括你的父母，因为一旦你为别人的看法所左右时，你已沦为别人的奴隶。永远只做自己的主人，这样才能做到自尊自爱。

当现实需要考验你内心的智慧时，记住：一定要去尝试自己想要尝试的东西。相信自己的直觉，不要让别人的答案扰乱你的计划。如果自己感觉很好，就跟着感觉走吧，否则你永远不会知道结局有多么美好。不要让别人的议论淹没你内心的声音、你的想法，和你的直觉。因为它们已经知道你的梦想，别的一切都是次要的。

不能坚持自己原则的人，就像墙上的无根草

不能坚持自己原则的人，就好像墙上的无根草，随风飘摆不定，找不到自己的方向。这样的人是得不到别人信任的，更谈不上成功。如果你自己都不确定想要什么，不要什么，别人又怎么给你呢？所以不要为了谋取小功小利而不择手段，甚至放弃自己的原则。一旦原则丧失，未来就只能任凭别人的摆布与欺骗。

第六章　做自己，与他人无关

国外某城市公开招聘市长助理，要求必须是男人。当然，这里所说的男人指的是精神上的男人，每一个应考的人都理解。

经过多番角逐，一部分人获得了参加最后一项"特殊考试"的权利，这也是最关键的一项。那天，他们云集在市府大楼前，轮流去办公室应考，这最后一关的考官就是市长本人。

第一个男人进来，只见他一头金发熠熠闪光，天庭饱满，高大魁梧，仪表堂堂。市长带他来到一个特建的房间，房间的地板上洒满了碎玻璃，尖锐锋利，望之令人心惊胆寒。市长以威严的口气说道："脱下你的鞋子！将桌子上的一份登记表取出来，填好交给我！"男人毫不犹豫地将鞋子脱掉，踩着尖锐的碎玻璃取出登记表，并填好交给市长。他强忍着钻心的痛，依然镇定自若，表情泰然，静静地望着市长。市长指着大厅淡淡地说："你可以去那里等候了。"男人非常激动。

市长带着第二个男人来到另一间特建房间，房间的门紧紧关着。市长冷冷地说："里边有一张桌子，桌子上有一张登记表，你进去将表取出来填好交给我！"男人推门，门是锁着的。"用脑袋把门撞开！"市长命令道。男人不由分说，低头便撞，一下、两下、三下……头破血流，门终于开了。男人取出登记表认真填好，交给了市长。市长说道："你可以去大厅等候了。"男人非常高兴。

就这样，一个接一个，那些身强体壮的男人都用意志和勇气证明了自己。市长表情有些凝重，他带最后一个男人来到特建房间，市长指着房间内一个瘦弱老人对男人说："他手里有一张登记表，去把它拿过来，填好交给我！不过他不会轻易给你的，你必须用铁拳将他打倒……"男人严肃的目光射向市长："为什么？""不为什么，这是命令！""你简直是个疯子，我凭什么打人家？何况他是个老人！"

男人气愤地转身就走，却被市长叫住。市长将所有应考者集中在一起，告诉他们，只有最后一个男人过关了。

当那些伤筋动骨的人发现过关者竟然没有一点伤时，都惊愕地张大了嘴巴，纷纷表示不满。

市长说："你们都不是真正的男人。"

"为什么？"众人异口同声。

市长语重心长地说道："真正的男人懂得反抗，是敢于为正义和真理献身的人，他不会选择唯命是从，做出没有道理的牺牲。"

……

我们是不是应该从中感悟到点什么？人的成功离不开交往，交往离不开原则。只有坚持原则的人才能赢得良好的声誉，他人也愿意与你建立长期稳定的交往。坚持原则还使人们拥有了正直和正义的力量。这使你有能力去坚持你认为是正确的东西，在需要的时候义无反顾，并能公开反对你确认是错误的东西。

一个刚从医学院毕业的学生，在一家医院实习，实习期为一个月。在这一个月内，如果能够让院方满意，他就可以正式获得这份工作；否则，就得离开。

一天，交通部门送来了一位因遭遇车祸而生命垂危的人，实习生被安排做外科手术专家——该院院长亨利教授的助手。复杂艰苦的手术从清晨进行到黄昏，眼看患者的伤口即将缝合，这位实习生突然严肃地盯着院长说："亨利教授，我们用的是12块纱布，可你只取出了11块。""我已经全部取出来了，一切顺利，立即缝合。"院长头也不抬，不屑一顾地回答。"不，不行。"这位实习生高声抗议道。"我记得清清楚楚，手术中，我们只用了11块纱布。"院长没有理睬他，命令道，"听我的，准备缝合。"这位实习生毫不示弱，他几乎大叫起来："你是医生，你不能这样。"直到这时，院长冷漠的脸上才露出欣慰的笑容。他举起左手里握的第12块纱布，向所有的人宣布："他是我最合格的学生。"

院长在考验他是否坚持自己的原则，而他具备了这一点。这位实习生后来理所当然地获得了这份工作。没有任何人能勉强你服从自己的良知，然而，不管怎样，一个坚持原则的人是会做到这些的。

坚持原则还会给我们带来许多，诸如友谊、信任、钦佩和尊重，等等。人类之所以充满希望，其原因之一就在于人们似乎对原则具有一种近于本能的识别能力，而且不可抗拒地被它所吸引。

那么，怎样才能做一个坚持原则的人呢？答案有很多，其中重要的一个是：要锻炼自己在小事上做到完全诚实。当你不便于讲真话的时候，不要编造小小的谎言，不要在意那些不真实的流言蜚语，等等。这些听起来可能是微不足道的，但是当你真正在寻求并且开始发现它的时候，它本身所具有的力量就会令你折服。

最终，你会明白，几乎任何一件有价值的事，都包含着它自身不容违背的内涵，这些将使你成功做人，并以自己坚持原则为骄傲。

每个人都应该这样——保持本色，坚守做人的原则，不忘我们做人之根本，是我们在这个世上立足立身之基础所在。

我走我自己的路，任凭你们怎么说

一个人在一生中总会遭到这样或那样的批评，越是做大事遭到的批评就会越多。但你绝不能因为别人的批评就怀疑自己，只要你确信自己是对的，就该坚定地一直走下去。

1929年，美国发生一件震动全国教育界的大事，美国各地的学者都赶到芝加哥去看热闹。在几年之前，有个名叫罗勃·郝金斯的年轻人，半工半读地从耶鲁大学毕业，当过作家、伐木工人、家庭教师和卖成衣的售货员。现在，只经过了八年，他就被任命为芝加哥大学的校长。他有多大？30岁！真叫人难以相信。老一辈的教育人士都摇着头，人们的批评就像山崩落石一样一齐打在这位"神童"的头上，说他太年轻了，经验不够；说他的教育观念很不成熟……甚至各大报纸也参加了攻击。

在罗勃·郝金斯就任的那一天，有一个朋友对他的父亲说：

第六章 做自己，与他人无关

"今天早上我看见报上的社论攻击你的儿子，真把我吓坏了。"

"不错，"郝金斯的父亲回答说，"话说得很凶。可是请记住，从来没有人会踢一只死了的狗。"

是的，没有人去踢一只死狗。别人对你的批评往往从反面证明了你的重要，你的成就引起了别人的关注。所以，在你被别人批评、品头论足、无端诽谤时，你无须自卑，走好自己的路，让他们去说吧。

马修·布拉许当年还在华尔街40号美国国际公司任总裁的时候，承认对别人的批评很敏感。他说："我当时急于要使公司里的每一个人都认为我非常完美。要是他们不这样想的话，就会使我自卑。只要哪一个人对我有一些怨言，我就会想法子去取悦他。可是我所做的讨好他的事情，总会使另外一个人生气。然后等我想要取悦这个人的时候，又会惹恼了其他的一两个人。最后我发现，我愈想去讨好别人，以避免别人对我的批评，就愈会使我的敌人增加，所以最后我对自己说：'只要你超群出众，你就一定会受到批评，所以还是趁早习惯的好。'这一点对我大有帮助。从那以后，我就决定只尽我最大的能力去做，而把我那把破伞收起来。让批评我的雨水从我身上流下去，而不是滴在我的脖子里。"

狄姆士·泰勒更进一步。他让批评的雨水流进他的脖子，而为这件事情大笑一番——而且当众如此。有一段时间，他在每个礼拜天下午的纽约爱尔交响乐团举行的空中音乐会休息时间，发表音乐方面的评论。有一个女人写信给他，说他是"骗子、叛徒、毒蛇和白痴"。泰勒先生在他那本叫作《人与音乐》的书里说："我猜她只喜欢听音乐，不喜欢听讲话。"在第二个礼拜的广播节目里，泰勒先生把这封信宣读给好几百万的听众听——几天后，他又接到这位太太写来的另外一封信，"表达她丝毫没有改变她的意见"。泰勒先生说："她仍然认为，我是一个骗子、叛徒、毒蛇和白痴。"

面对他人的品评、批评，谁都不可能没有压力，关键是看你如何对待。如果你在心里接受了别人的批评，并暗示自己在别人眼里是多么的不完美，被人鄙视，自卑就会像一个影子一样随时跟着你，影响你。如果你能将别人不公正的批评置之脑后，继续走自己的路，那么所有的言论都会不攻自破。如果你能对他们笑一笑，受害的人就该不会是你。

查尔斯·舒伟伯对普林斯顿大学学生发表演讲的时候表示，他所学到的最重要的一课，是一个在钢铁厂里做事的老德国人教给他的。"那个老德国人进我的办公室时，"舒伟伯先生说，"满身都是泥和水。我问他对那些把他丢进河里的人怎么说，他回答说：'我只是笑一笑。'"

舒伟伯先生说，后来他就把这个老德国人的话当作他的座右铭："只笑一笑。"

当你成为不公正批评的受害者时，这个座右铭尤其管用。别人骂你的时候，你"只笑一笑"，骂人的人还能怎么样呢？

林肯要不是学会了对那些骂他的话置之不理，恐怕他早就受不住压力而崩溃了。他写下的如何处理对他的批评的方法，已经成为一篇文学上的经典之作。在第二次世界大战期间，麦克阿瑟将军曾经把这个抄下来，挂在他总部的写字台后面的墙上。而丘吉尔也把这段话镶了框子，挂在他书房的墙上。这段话是这样的："如果我只是试着要去读——更不用说去回答所有对我的攻击，这个店不如关了门，去做别的生意。我尽我所知的最好办法去做——也尽我所能去做，而我打算一直这样把事情做完。如果结果证明我是对的，那么即使花十倍的力来说我是错的，也没有什么用。"

别人的批评无论对错，你都无法制止。尤其当你位高权重时，你更需面对这样的舆论。笑一笑，你无需关注太多，更无需为他人的舆论自卑。

你们的话，我一个都不听

有一次，雪峰禅师和岩头禅师共游南方，同行的还有一位小和尚，负责打理他们的日常生活，同时还跟着两位禅师学习佛法。行至湖南鳌山时，遇到大雪不能继续前进，他们便留了下来小住，两位禅师整天讨论参悟。小和尚没什么事情可做，于是就每天坐禅。几天之后，岩头禅师便责备他不该只管坐禅。受到岩头禅师的训导和指示，小和尚不再坐禅，于是每天不是闲散就是睡觉。这样又过了几天，这回雪峰禅师又责备他修行懒惰，只知道睡觉却不坐禅。

一时间，小和尚不知道如何是好，坐禅不对，睡觉也不对，两位德高望重的禅师说法竟然如此不同，他真不知该做什么。

于是，他硬着头皮跟雪峰禅师说："师父，不是我不坐禅，是岩头禅师责备弟子不该只知道坐禅，所以弟子……"还没等小和尚说完，雪峰禅师就一棒打过来了，大声喝道："我的话你竟敢不听，该打！"

小和尚被打得有点莫名其妙，但是也不敢再说什么了，便坐下来打禅了。这时正好岩头禅师路过，看到小和尚又在坐禅，便生气地喝道："你竟敢违逆本座的意思，你不想得到佛法吗？"说着也给小和尚一棒。

小和尚还没反应过来，就又被敲了一棒，他苦着脸说："两位师父，我知道你们都是为我好，可是你们又让我做完全相反的事，我真的不想违逆你们，但是我又不知道该怎么做？"

听完小和尚的话，雪峰禅师与岩头禅师同时拿起棍棒，正准备往小和尚脑袋上打去，小和尚突然站了起来，说："不许你们再打我了，你们的话，我一个都不听。佛法就是让人求得自我、自在，所以，以后我想睡觉就睡觉，我想坐禅就坐禅，我想干什么就干什么！"说完就拿开两位师父手中的棒子，走开了。

雪峰禅师与岩头禅师相视一笑，小和尚终于开悟了——做自己

第六章 做自己，与他人无关

想做的事，不能跟着别人走，两位师父的话都不要听，即使他们是高深的大师，听自己的才是最重要的。

而生活中，人们总是畏惧别人的眼光，总是担心别人怎么想，不自觉地丢失了自己。其实事情是我们自己的，别人的话不应该成为我们的标准，为什么我们要生活得那么被动呢？

有一位青年画家想努力提高自己的画技，画出人人喜爱的画，为此他想出了一个办法。这一天，他把自己认为最满意的一幅作品的复制品拿到市场上，旁边放上一支笔，请观众们把不足之处给指点出来。集市非常热闹，来来往往的人群络绎不绝。画家的态度十分诚恳，于是许多人就真诚地发表自己的意见。到晚上回来，画家发现，画面上所有的地方都标上了指责的记号。也就是说，这幅画简直就是一无是处。这个结果对年轻画家的打击实在太大了，他变得萎靡不振，甚至开始怀疑自己到底有没有绘画的才能。他的老师见他前不久还雄心万丈，此时却如此情绪消沉，不明就里，待问清原委后哈哈大笑，叫他不必就此下结论，不妨换一个方法再试试看。第二天，这位画家把同一幅画的另一个复制品拿到集市上，旁边仍然放上了一支笔。不同的是，这次是让大家把觉得精彩的部分给指出来。到晚上回来，画面上所有地方同样密密麻麻地写满了各种夸奖的记号。青年画家这时才恍然大悟。

不要太在意别人的话，别人不是我们的镜子。一个人活在别人的标准和眼光之中是一种被动、一种依附，更是一种悲哀。人为什么要活得那么累呢？人生本来就很短暂，真正属于自己的快乐更是不多，为什么不能为了自己完完全全、彻彻底底地活一次？为什么不让自己脱离建立在别人基础上的参照系？要知道属于你的，只是自己的生活，而不是别人赐予的生活！

第七章
我愿陪你携手到老,也不怕从此各奔东西

爱情,拥有的时候要珍惜,错过了,就是一辈子;失去了,就放弃,不必伤心地站在原地。当我们经历了成长的阵痛、爱情的变故以后,会幡然醒悟,那么多年的孤独其实是上天的一种恩赐,为了支撑你此后坚强地走完这冗长的一生。

一起来算算这本离婚账单

组建一个家庭不容易，婚姻中的两个人是打断骨头连着筋的，何况还有个孩子，所以不到万不得已，还是不要轻易离婚的好。人在冲动的情况下往往会做出冲动的事情，当你血往上涌，想要结束这段婚姻的时候，不妨给自己找一个安静的环境，独处一下，静下心来想一想，是不是一定要这样做。

他和她结婚整整十年，没了当初的甜蜜与情趣，他越来越觉得对她几乎就是一种义务，他开始厌烦她。

近来，公司新来了一个年轻女孩，对他发起疯狂攻势，他恍惚觉得自己迎来了第二春。他决定和她离婚，她似乎也已经麻木，很平静地答应了他，两个人一起走进了民政部门。

手续办得很顺利，出门后，不知为什么，他心里突然有种空落落的感觉，他看了看她："一起去吃点饭吧。"

她看了看他："好吧，听说新开了一家'离婚酒店'，专为离婚夫妻服务的，要不咱们到那儿看看吧。"

他点了点头，两人默默走进了"离婚酒店"。

"先生、女士好。"二人在包间刚坐下，服务员便走了进来，

第七章　我愿陪你携手到老，也不怕从此各奔东西

"请问两位想吃点儿什么？"

他看了看她："你点吧。"

她摇了摇头："我不常出来，不太清楚这些，还是你点吧。"

"对不起先生、女士，我们酒店有个规矩，这顿饭必须要由女士为先生点他平时最爱吃的菜，由先生为女士点她平时最爱吃的菜，这叫'最后的记忆'。"

"那好吧，"她理了理头发，"糖醋鱼、红烧排骨、拌笋丝，记住，都不要放葱姜蒜，我爱人……这位先生他不吃这些。"

"先生呢？"服务员看了看他。

他愣住了，结婚十年，他真的不知道她爱吃什么。他张着嘴，尴尬地愣在了那儿。

"就这些吧，其实这是我们两个人都爱吃的。"她连忙为他解围。

服务员点完菜退了下去。包房里静悄悄的，两个人相对而坐，一时竟不知道该说什么好。

"笃……笃……笃！"轻轻一阵敲门声，服务员走了进来，托盘里托着一枝鲜艳的红玫瑰："先生，还记得您第一次给这位女士送花的情景吗？现在一切都结束了，夫妻不成就当朋友，朋友要好聚好散，最后为女士送朵玫瑰吧。"

她浑身一抖，眼前又浮现出了十年前他送花给她的情形。那时，他们刚刚来到举目无亲的省城，一切从零开始。白天，他努力拼搏；晚上，为了增加收入，她去晚市出小摊，他去给人家刷

盘子。很晚很晚，他们才一起回到租住在地下室里那不足十平米的小屋。日子很苦，可是很幸福。到省城的第一个情人节，他为自己买了第一朵红玫瑰，她幸福得流下了眼。十年了，一切都好起来了，但可以一起吃苦，却无法一起享福。想着想着，她泪水盈眶，别过头摆了摆手："不用了。"

他也想起了过去的十年，这才记起，自己已经很久没给她买过一枝玫瑰了。他也摆了摆手："不，要买。"

服务员却拿起玫瑰，"唰唰"撕成了两半，分别扔进了两个人的饮料杯中，玫瑰竟然溶解在了饮料里。

"这是我们酒店特意用糯米制成的红玫瑰，也是送给你们的第三道菜，名叫'映景的美丽'。先生、女士慢用，有什么需要直接叫我。"服务员说完，转身走了出去。

突然，灯熄了，整个包房一片黑暗，外面警铃大作，一股烟味儿直冲鼻息。

"起火了，大家马上从安全通道逃生！快！"外面，有人声嘶力竭地喊了起来。

"老公！"她一下扑进了他的怀里，"我怕！"

"别怕！"他紧紧搂住她，"有我呢。走，往外冲！"

包房外面灯光通明，秩序井然，什么都没有发生。

服务员走了过来："对不起，先生、女士，让两位受惊了。酒店并没有失火，烟味儿也是特意往包房里放的一点点，这是我们的第四道菜，名叫'内心的选择'。请回包房。"

第七章　我愿陪你携手到老，也不怕从此各奔东西

他和她回到了包房，灯光依旧。他一把拉住她："亲爱的，刚才那才是你我内心真正的选择。其实，我们谁都离不开谁，明天咱们复婚吧？"

她咬了咬嘴唇："你愿意吗？"

"我愿意，我现在什么都明白了，明天一早咱就去复婚。小姐，买单。"他说着喊了起来。

服务员走了进来，递给两人一人一张精致的红色清单："先生、女士好，这是两位的账单，也是本酒店的最后一道赠品，名叫'永远的账单'，请两位永远保存吧。"

他看着账单，眼泪淌了下来。

"你怎么了？"她连忙问道。

他把账单递给了她："亲爱的，我错了，我对不起你。"

她打开账单一看，只见上面写着：一个温暖的家；两只操劳的手；三更不熄等您归家的灯；四季注意身体的叮嘱；无微不至的关怀；六旬婆母的微笑；起早贪黑对孩子的照顾；八方维护您的威信；九下厨房为了您爱吃的一道菜；十年为您逝去的青春……这就是您的妻子。

"老公，您辛苦了，这些年也是我冷漠了你。"她也把自己的那份账单递给了他。他打开账单，只见上面写着：一个男人的责任；两肩挑起的重担；三更半夜的劳累；四处奔波的匆忙；无法倾诉的委屈；留在脸上的沧桑；七姑八姨的义务；八上八下的波折；九优一疵的凡人；时时对家对子的真情……这就是您的丈夫。

两个人抱在一起，放声痛哭。

如果你在婚姻中迷失了方向，那么算一下你的"离婚账单"，在离婚之前做一下最后的慎重考虑，或许就能避免很多幸福的流失、悲剧的发生。

谁能陪我一路走回家

从某种意义上说，婚姻是需要孤独的，朝夕相处的两个人即使出现了审美疲劳，也应该想办法重拾往昔的美好，爱情这东西，容不得第三个人介入。

结婚是一种事实，但它不会使我们深藏的人性完全隐匿起来，对于美的追求、对于刺激的向往，时常可能发生。不可否认的是，在生活中，我们常会在毫无预料的情况下遭受到婚姻外的诱惑，我们虽然仍然深爱对方，但却有位新异性吸引了我们的目光。这种吸引是否正常，是否道德？应该说，这种吸引是正常人的正常反应。吸引，毕竟只是一种心理状态，它使我们产生了一种对美好事物追求的幻想。但幻想归幻想，你千万不要把它当成目标，不顾一切地追求起来，这种追求是盲目的、不负责任的，是非常愚蠢的。

第七章　我愿陪你携手到老，也不怕从此各奔东西

你可以有非分之想，但最好不要把它变成事实。当抑制不住某种冲动的时候，不妨想想下面这个故事。

某天，白云酒楼来了两位客人，一男一女，穿着不俗，看样子是一对夫妻。

服务员笑吟吟地送上菜单。男人接过菜单直接递给女人，说："你点吧，想吃什么点什么。"女人看也不看一眼，抬头对服务员说："给我们来碗馄饨就行。"

服务员一怔，旁边的男人发话了："吃什么馄饨，又不是没钱？"

女人摇头："我就要吃馄饨！"男人愣了愣，看到服务员惊讶的目光，难为情地说："好吧。请给我们来两碗馄饨。"

"不！"女人赶紧补充道，"只要一碗！"男人又一怔："一碗怎么吃？"

女人看着男人皱起了眉头，说："不是说好一路都听我的吗？"

过了一会儿，服务员捧上来一碗热气腾腾的馄饨。看到馄饨，女人的眼睛都亮了，她把脸凑到碗面上，深深地吸了一口气，好像舍不得吃，半天也不见送到嘴里。男人扭头看看四周，有些尴尬，一把拿过菜单："我饿了一天了，要补补。"接着，一口气点了几个名贵的菜。

女人不紧不慢，等男人点完菜，才淡淡地对服务员说："你最好先问问他有没有钱，当心他吃霸王餐。"

没等服务员反应过来，男人就气红了脸："我会吃霸王餐？我

171

会没钱?"他边说边往怀里摸去,突然"咦"了一声,"我的钱包呢?"

女人冷冷说了句:"别找了,你的手表,还有我的戒指,咱们这次带出来所有值钱的东西,我都扔河里了。我身上还有五块钱,只够买这碗馄饨了!"

男人的脸唰地白了,一屁股坐下来,愤怒地瞪着女人:"你真是疯了,你真是疯了!咱们身上没有钱,那么远的路怎么回去啊?"

女人却一脸平静:"急什么?再怎么着,我们还有两条腿,走着走着就到家了。20年前,咱们身上一分钱也没有,不照样回家了吗?那时候的天。比现在还冷呢!"

男人不由得瞪直了眼:"你说什么?"女人问:"你真的不记得了?"男人茫然地摇摇头。

女人叹了口气:"看来,这些年身上有了几个钱,你真的把什么都忘了。20年前,咱们第一次出远门做生意,没想到被人骗了个精光,连回家的路费都没了。经过这里的时候,你要了一碗馄饨给我吃,我知道,那时候你身上就剩下五毛钱了……"

男人听到这里,身子一震:"这……这里……"女人说:"对,就是这里,我永远也不会忘记的,那时它还是一间又小又破的馄饨店。"

男人默默低下头,女人转头对在一旁发愣的服务员道:"姑娘,请给我再拿只空碗来。"

第七章　我愿陪你携手到老，也不怕从此各奔东西

服务员很快拿来了一只空碗，女人捧起面前的馄饨，拨了一大半到空碗里，轻轻推到男人面前："吃吧，吃完了我们一块走回家！"

男人盯着面前的半碗馄饨，很久才说了句："我不饿。"女人眼里闪动着泪光，喃喃自语："20年前，你也是这么说的！"说完，她盯着碗没有动汤匙，就这样静静地坐着。

男人问："你怎么还不吃？"女人又哽咽了："20年前，你也是这么问我的。我记得我当时回答你，要吃就一块吃，要不吃就都不吃，现在，还是这句话！"

男人默默无语，伸手拿起了汤匙，不知什么原因，拿着汤匙的手抖得厉害，舀了几次，馄饨都掉下来。最后，他终于将一个馄饨送到了嘴里。当他舀第二个馄饨的时候，眼泪突然忍不住直往下掉。

女人见状，脸上露出笑容，也拿起汤匙。馄饨一进嘴，眼泪同时滴进了碗里。这对夫妻就这样和着眼泪把一碗馄饨分吃完了。

放下汤匙，男人抬头轻声问女人："饱了吗？"

女人摇了摇头。男人很着急，突然好像想起了什么，弯腰脱下一只鞋，拉出鞋垫，居然摸出了五块钱。他怔了怔，不敢相信地瞪着手里的钱。

女人微笑说道："20年前，你骗我说只有五毛钱了，只能买一碗馄饨，其实你还有五毛钱，就藏在鞋里。我知道，你是想等我饿了的时候再拿出来。后来你被逼吃了一半馄饨，知道我一定不

173

饱，就把钱拿出来再买了一碗！"顿了顿，她又说道："还好你记得自己做过的事，这五块钱，我没白藏！"

男人把钱递给服务员："给我们再来一碗馄饨。"服务员没有接钱，快步跑开了，不一会儿，捧来满满一大碗馄饨。

男人往女人碗里倒了一大半："吃吧，趁热！"

女人没有动，说："吃完了，咱们就得走回家了，你可别怪我，我只是想在分手前再和你一起饿一回，苦一回！"

男人一声不吭，大口吞咽着，连汤带水，吃得干干净净。他放下碗催促女人道："快吃吧，吃好了我们走回家！"

女人说："你放心，我说话算话，回去就签字，钱我一分不要，你和哪个女人好，娶个十个八个，我也不会管你了……"

男人猛地大喊起来："回去我就把那张《离婚协议书》烧了，还不行吗？"说完，他居然号啕大哭，"我错了，还不行吗？"

那么，你错了吗？携手与共多少年，纵然爱情淡了，但亲情更浓，你真的忍心伤害曾经与你同甘共苦的那个人？你真舍得把共同铸造的幸福亲手毁掉？诱惑面前，想一下你们之间的故事，最爱你的也许不是极尽讨好你的人，而是愿意陪你一起走回家的人。

人生的悲哀莫过于，曾经有一个非常爱你的人在身边，而你却被乱花迷了眼，非但没有珍惜，反而深深伤害了他。也许这段消失的爱，至今想起还会隐隐作痛，但又能怎样，谁让自己当初

第七章　我愿陪你携手到老，也不怕从此各奔东西

忍受不了精神上的空虚，抵抗不了诱惑，走入了错误的轨道。

他越来越想喝一碗粥，一碗纯粹的白米粥。粥里，只是米和水，但它们完美地交融在一起。喝一口，香味直入五脏六腑。那是一种来自阳光、来自大地的香味，让人为之深深陶醉。

为了喝到那样一碗粥，他跑遍了大大小小的餐馆。可每一次，他收获的都是失望。那些白米粥，要么寡淡无味，要么甜得腻人，让他根本无法下咽。

他真的不知道，要到哪里才能喝到那样一碗粥。而在从前，他却是天天可以喝到它的。

那时候，他常有应酬，差不多每天都是十一二点才到家。但无论他多晚回家，她都是笑吟吟地开门："回来啦，喝碗粥吧！"餐桌上，一碗粥正蒸腾着热气。他坐下来，用勺子慢慢地边搅边喝。粥有点稀，但正好解渴；有点烫，恰好暖胃……

而又是从何时起，他开始疏忽那碗粥的？大概在认识乔蓉之后吧。

乔蓉是个非常特别的女孩，一会儿沉静如水，一会儿热烈似火；一会儿娇媚如花，一会儿冰冷如霜……在乔蓉的怀抱里，他彻底迷失了自己，再也想不起回家的路了。

为了乔蓉，他向她提出了离婚。她当即呆住了，然后抱住他，泪落如雨："求求你，不要离开我！"而他只是厌烦地推开她："离婚吧，我喜欢上了别人……"

婚，终于离了，他可以名正言顺地和乔蓉在一起了……但他

的幸福并不长久。

那一天深夜，从酒吧回来不久，他便感到胃疼难忍。他挣扎着起身，找出胃药服了下去，可疼痛仍如波涛起伏。他想起以前，每当胃痛时，她总要给他端来一碗滚烫的白米粥，让他趁热喝下，而他的胃，果然在喝了一碗粥后，安然无恙。于是，他推了推身旁熟睡的乔蓉："快起来，我胃疼，帮我烧一碗粥。"乔蓉翻了个身，没理他，他继续推："快点啊！"谁知乔蓉猛地坐了起来："你烦不烦啊，胃疼自己想办法，怎么老让别人不得安生啊？"随后乔蓉怒气冲冲地抱了床被子，去隔壁的书房睡下了。剩下他独自躺在床上，胃疼，心更疼……

也就是从那时起，他分外想念当年喝下的那一碗碗白米粥。可无论他怎么去寻找，却再也找不到了。也许，这个世界上，唯有她，才能做得出那样的白米粥吧？

几经辗转，他打通了她的电话，约她到咖啡馆里坐一坐。她答应了。

坐在咖啡馆里，闲闲地聊了几句后，他便问她："以前你的米粥是怎么做的，那么香？"

她一愣，说道："很容易的，用砂锅熬，少放米，多放水。"停了停，她接着说道："不过，只能用文火，从头到尾都用文火。"

他很惊讶："用文火？那得多长时间啊？"

她淡淡地答道："差不多两小时吧。以前，我天天晚上都在厨房里坐着。"

第七章　我愿陪你携手到老，也不怕从此各奔东西

无边的热浪从他的心底席卷而过，不由自主地，他伸手抓住了她的手，眼光灼热："我还想喝你熬的粥，行吗？"

她轻轻地抽出了自己的手："对不起，我的粥只熬给珍惜它的人喝。"

他在你身边的时候，也许你真不知道他是多么爱你，甚至以为自己得到的爱就是理所应当。时间久了，你渐渐发现不了他的美好，你毫无顾忌地对他发脾气，你觉得和他在一起缺少激情。这个时候，你甚至觉得自己是孤独的，你觉得爱情的世界里只剩下了你自己，于是你不负责任地去寻找新鲜感。而当你失去了他，没有他在乎你时，才突然发现失去的那个人，其实就是自己离不开的人。

人活这一辈子，最大的幸福莫过于被人爱和懂得爱。对爱你的人，你要用心去珍惜他。他为你做的一点一滴，不仅要感谢他，而且，要记在心里，常常去想着他。找一个疼爱你的人，远胜过找一个浪漫的情人。

我们只是不在同一维度里

用"维度"来阐述爱情，或许有些人会感到难以理解，那么我们说得更通俗一点。回想一下，在你的大学时代有没有发生过这样的事情？

樱花盛开的季节，颇具文艺范的学长连续几天弹起他心爱的木吉他，在工科女生宿舍楼下浅吟低唱："我的心是一片海洋，可以温柔却有力量，在这无常的人生路上，我要陪着你不弃不散……"对面文学系的姑娘们眼睛中闪烁着晶亮的光芒，多希望有一位英俊的少年能够为自己如此疯狂。而学长的女神，那位立志成为女博士的姑娘却打开窗，羞涩而坚定地说："学长，你……你可不可以安静一点，我们还准备考试呢。"

这泼冷水的效果丝毫不亚于那句"我一直把你当哥哥（妹妹）看待"。其实被泼冷水的人也不必灰心丧气，不是你不够优秀，只是你爱慕的对象身处在不同的维度。有时候，你爱的人真的并不适合你，他只是你生命中点燃烟花的人，而烟花的美只缘于瞬间。如果你非要抓住这短暂但不属于你的美丽，就会像那条最孤独的鲸鱼"52赫兹"一样。

第七章　我愿陪你携手到老，也不怕从此各奔东西

"52赫兹"是一头鲸鱼用鼻孔哼出的声音频率，最初于1989年被发现记录，此后每年都被美军声呐探测到。因为只有唯一音源，所以推测这些声音都来自于同一头鲸鱼。这头鲸鱼平均每天旅行47千米，边走边唱，有时候一天累计唱个22小时，但是没有回应。鲸歌是鲸鱼重要的通讯和交际手段，据推测不但可以召唤同伴，在交配季节更有"表述衷肠"的作用。导致"52赫兹"幽幽独往来的原因，是因为该品种鲸鱼的鲸歌大多在15～20赫兹，"52赫兹"唱的歌就算被同类听到，也不解其意，无法回应。

经营爱情的道理也是一样的，找准处在同一维度的对象很重要。孤独的"52赫兹"如果想找到知音，那么可以去唱给频率范围是20到1000赫兹的座头鲸。找一个适合自己的人来爱，才能够爱得轻松、爱得自在、爱得幸福、爱得愉快。

这也是爱情中一个困难的地方，因为选择适合的对象，第一步就是要认清自己的特质，而我们在想要恋爱的时候，往往只注意打量对方，却忘了看自己。也许对方真的很优秀，但未必与你的特质相融；也许对方与你想象中的完美形象有差距，但难道自己就没缺点吗？所谓适合自己的人，并不是说就是相对最完美或者条件最好的人，而是那个能与你心有灵犀、相互包容、共同分享人生愿景的人。

如果你准备把爱情提升到婚姻的高度，那么这个问题更要谨慎对待，最起码你要确定两个人的人生观相差无几，这是婚姻能否幸福的关键因素。

譬如这样两对夫妇，一对奉行享乐主义，对所有的娱乐和旅游项目都积极倡导；而另一对是谨慎的节约主义者，为防老，为育子，就连出行都要考虑是地铁省钱还是大巴省钱。两对夫妇各得其所，日子过得都很甜蜜。但是，我们设想一下，如果把他们的伴侣置换一下，后果又会怎样？恐怕会家无宁日吧。

那么，我们认识很多人，特质各异的，哪一个才是适合你的呢？

其实，你是哪种特质没关系，重要的是他（她）与你的特质不相悖，你们在人生的理念上是一致的。除此之外，还有一个重要的参考因素，不是脾气，不是性格，也不是谁的爸妈能够做可以倚靠的参天大树，而是你能否在对方面前做到真实的放松。

即，你可以在对方面前做到不洗脸、不刷牙，却怡然自乐；你可以肆无忌惮地放声大哭；你可以在满腹委屈的时候在他（她）面前露出不端庄的一面……而这些，他（她）统统都能够接纳、包容。

其实，在爱情这个问题上，没有什么绝对好或者绝对不好的人，只有适合或者不适合你的人。相处是一门很深的学问，他很好，但也许真的不适合你；她也很好，但你真的不适合她。如果是这样，不要做固执的"52赫兹"，给自己一些孤独时光，仔细想一想，哪个才是真正适合你的人？

第七章　我愿陪你携手到老，也不怕从此各奔东西

你不爱我，我不怪你

缘聚缘散总无强求之理。世间人，分分合合，合合分分谁能预料？该走的还是会走，该留的还是会留。一切随缘吧！

爱情全仗缘分，缘来缘去，不一定需要追究谁对谁错。爱与不爱又有谁可以说得清？当爱着的时候只管尽情地去爱，当爱失去的时候，就潇洒地挥一挥手吧，人生短短几十年而已，自己的命运把握在自己手中，没必要在乎得与失、拥有与放弃、热恋与分离。

失恋之后，如果能把诅咒与怨恨都放下，就会懂得真正的爱，虽然偶尔依然不免酸楚、心痛。

卢梭11岁时，在舅父家遇到了大他11岁的德·菲尔松小姐，她虽然并非很漂亮，但她身上特有的那种成熟女孩的清纯和靓丽还是将卢梭深深地吸引住了。她似乎对卢梭也很感兴趣。很快，两人便轰轰烈烈地像大人般恋爱起来。但不久卢梭就发现，她对他的好只不过是为了激起另一个她偷偷爱着的男友的醋意——用卢梭的话说"只不过是为了掩盖一些其他的勾当"时，他年少而又过早成熟的心便充满了一种无法比拟的气愤与怨恨。

他发誓永不再见到这个负心的女子。可是，20年后，已享有极高声誉的卢梭回故里看望父亲，在波光潋滟的湖面上游玩时，他竟不期然地看到了离他们不远的一条船上的菲尔松小姐。她衣着简朴，面容憔悴。卢梭想了想，还是让人悄悄地把船划开了。他写道："虽然这是一个相当好的复仇机会，但我还是觉得不该和一个四十多岁的女人算20年前的旧账。"

爱过之后才知爱情本无对与错、是与非，快乐与悲伤会和你携手同行，直至你的生命结束！卢梭在遭到自己最爱的人无情愚弄后的悲愤与怨恨可想而知，但是重逢之际，当初那种火山般喷涌的愤怒与报复欲未曾复燃，而是选择了悄悄走开，这恰好说明世上千般情，唯有爱最难说得清。

如果把人生比作一棵枝繁叶茂的大树，那么爱情仅仅是树上的一颗果子，爱情受到了挫折、遭受到了一次失败，并不等于人生奋斗全部失败。世界上有很多在爱情生活方面不幸的人，却成了千古不朽的伟人。因此，对失恋者来说，对待爱情要学会放弃，毕竟一段过去不能代表永远，一次爱情不能代表永生。

聚散随缘，去除执着心，一切恩怨都将在随水的流逝中淡去。那些深刻的记忆也终会被时间的脚步踏平，过去的就让它过去好了，未来的才是我们该企盼的。

我一个人痛，就足够了

如果我有一块糖，分给你一半，就有了两个人的甜蜜。如果你我都有一份痛，全部交给我来担，我一个人痛，就足够了。

他和她青梅竹马，自然相爱。

20岁那年，他应征入伍，她没去送他。她说怕忍不住不让他走，她不想耽误他的前程。

到了部队，不能使用手机，他与她之间更多的是书信来往，鸿雁传情。每一次看到她的信，他都在心里说："等着我，我一定风风光光娶你进门，与子偕老，今生不弃。"

三年的时间可以模糊很多东西，却模糊不了他对她的思念。可是突然有一天，她在信中对他说："分手吧！我已经厌倦了这种生活，真的厌倦了！"

他不相信，不相信这是真的，他甚至想马上离开部队，回去让她给自己一个解释。可是，那样做就是逃兵啊！

所有的战友都劝他："我们的职责虽然是光荣的，但对于自己的女人来说却是痛苦的。我们让女人等了那么多年，若日后真的荣归故里还好，若不能出人头地，还要让她跟着受苦吗？所以分开了也好。你得看开些，如果实在看不开，等退伍了，兄弟们陪你一起去，向她问个明白。"

退伍那天，他什么都顾不得做，第一时间赶回了家乡，只想快点见到她，问她一句：为什么。可是见到她的那一刻，他彻底心冷了。他不愿相信却又不得不相信，她已嫁做人妻，且已为人母。原来，她早忘了他们间的爱情。

然而他偶然发现，原来，他曾经送给她的东西，她一样没丢，保存至今。他找到她，想知道为什么，为什么明明没有忘记他，却嫁给他人。在他苦苦地询问与哀求之下，她终于道出了事情的真相。

原来，有一次她去参加朋友的聚会，喝多了酒，他现在的老公曾经是她的追求者，主动送她回家。就在她家的小区里，他们遇到了一位酒驾的业主，他猛地推开她，她无甚大碍，他却残了一条腿。"所以，我宁愿嫁给他，照顾他一辈子。只是没想到这份感情里，伤得最深的还是你。"

他沉默了，没有说话，只是静静地听着，就像听故事一样。

他默默地转身走了，烧毁了她送给他的一切，不是绝情，只是想把她彻底忘记。他知道她心里也有痛，他不能在她的心里再撒盐，这种痛，他一个人来忍受，就足够了。

一段感情的终止也许只是一个误会，但事实已成，便无法挽回。也许对方心里也有痛，只是你当时没有理解，他的心情你无法揣摩。可是事情已成定局，那么剩下的不该是用你最后的勇气去祝福他吗？

把相恋时的狂喜化成白蝴蝶，让它在记忆里翩飞远去，永不复返，净化心湖。与绝情无关——唯有淡忘，才能在大悲大喜之后炼成牵动人心的平和；唯有遗忘，才能在绚烂已极之后炼出处变不惊的恬然。自己的爱情应当自己把握，无论是男是女，将爱情封锁在两个人的容器里，摆脱"空气"的影响，说不定更是一种痛苦。

如果留不住你，我会成全你

缘分这东西，日子久了也会生锈，使人遗忘了当初的信誓旦旦。缘分来的时候很自然，去的时候也很无情，当爱情不再灿烂，留给人的多是疲惫与憔悴。

往日的卿卿我我变成今日的相对无言，多少人为此患得患失。然而尘缘如梦，几番起伏总不平，有些事似乎早已注定。天下无不散之筵席，当情缘已尽时，究竟孰对孰错谁又说得清、道得明？缘分就是这样，亦如花要凋谢、叶要飘零，你纵有千般不舍，又如何阻挡？情到断时自然断，人到无情必然走，你又如何挽留？世间万物，一切随缘，缘来则聚，缘尽则散。人生在世，我们应懂得随缘而安,缘来不拒它,缘去不哀叹。在拥有的时候,就用心去珍惜,在失去的时候,也不要强求,因为情缘已尽注定难以挽留,强求亦不会得到满意的结果。既然如此,为何不在最后时刻给自己留下尊严?一如杏林子所说:"曾经相遇,曾经相拥,曾经在彼此生命中光照,即使无缘也无憾。将故事珍藏在记忆的深处,让伤痛慢慢地愈合。"

文燕是一位医生,在北京一家很有名望的医院工作。丈夫陆野是一家工程公司的老总,每天忙得不可开交,马不停蹄地在各地跑来跑去。两人见面的时间很少,只是偶尔在周末才聚一聚。

一次,文燕和陆野偶然间在医院的急诊室相遇。陆野向妻子解释说:"我带一个女孩来看病,她是我单位的员工,由于工作劳累过度晕倒了。"文燕看了那女孩一眼,女孩看上去比陆野小很多,脸上带着点野性。文燕心里有一种说不出来的感受。

她便偷偷地到丈夫工作的公司去打探。大家都说从来没有见过像她所描述的这样一个女孩。

文燕听后,立即像失去重心一样。回来后,她给丈夫打了电话,说她已出差到了外地,要一个月以后才回去。

接着她便到丈夫的公司附近蹲守。

蹲守的结果证明,那女孩已经与陆野同居了很久。怎么办?是离婚还是抗争?文燕陷入了极度痛苦的深渊。

那个晚上,她坐公共汽车回家。

车开得很慢,司机好像很懂文燕的心情。车上只有三个乘客,

第七章　我愿陪你携手到老，也不怕从此各奔东西

另外两个乘客在给亲人打电话，脸上洋溢着幸福的表情。文燕痛苦地闭上眼睛，回想起摊放在桌上半年多的《离婚协议书》。

突然有人叫她，是那位司机在跟她说话："妹妹，你有心事？"

文燕没有回答。

"我一猜您就是为了婚姻，"文燕的脸色微微地有点冷暗，可司机却当没看见一样继续说，"我也离过婚。"

文燕眼睛微微一亮，便竖起耳朵细心倾听起来。

"我和妻子离婚了。"文燕的心不由一紧，继续听他说，"她上个月已经同那个男人结婚了，他比她大四岁，做翻译工作，结过婚，但没孩子。听说，他前妻是得病死的。他性格挺好的，什么事都顺着我前妻，不像我性子又急又犟，他们在一块儿挺合适的。"

文燕觉得这个司机很不寻常。

"妹妹，现在社会开放了，离婚不是什么丢人的事，你不要觉得在亲友当中抬不起头。我可以告诉你，我的妻子不是那种胡来的人，她和那个男人在大学里相爱四年，后来那个男人去了国外，两人才分手。那个男人在国外结了婚，后来妻子死了，他一个人在国外很孤独，就回来了。他们在同学聚会上见了面，这一见就分不开了。我开始也恨，恨得咬牙切齿。可看到他们战战兢兢、如履薄冰地爱着，我心软了，就放他们一条生路……"

文燕的眼睛有些湿润了，她想起丈夫写给她的那封信：

"我没有想到会在茫茫人海中与她邂逅。在你面前，我不想

187

隐瞒她是一个比我小很多的女人。我是在一万米的高空遇见她的,当时她刚刚失恋。我们谈了几句话之后,她就坦诚地告诉我她是个不好的女孩,后来我知道她和我生活在同一座城市,我不知为什么,从那一天起,心里就放不下她。后来我们频频约会,后来我决定爱她,照顾她一生。因为她,我甚至想放弃一切……"

车到家了,文燕慢慢地走上楼。第二天她很平静地在《离婚协议》上签了字。

在情感的世界中,我们可以失去爱情,但一定要留下风度。

当爱走了,请放手。无论它是发生在自己身上还是对方身上,放手都是唯一的出路。因为无法放弃曾经有过的美好的感觉,无法放下曾经拥有的执着,就会让更多不美好的感觉压在自己的肩上、心头,让自己和对方一起痛苦纠结。那么,究竟是否惩罚了对方,这也许还是未知数,但是自己绝对是被惩罚最深的一个。因为,你剥夺了自己从现在重新开始享受快乐和幸福的可能。

第七章　我愿陪你携手到老，也不怕从此各奔东西

有些人真的永远不必等

错了的，永远对不了。不该拥有的，得到了也不会带给你快乐。

错位的感情即使得到了也不会幸福。所以，任何人在选择自己的爱人时都应该仔细想想，不要苛求那份本不该属于你的感情。现实是残酷的，一旦让感情错位，你所得到的结果就只会是苦涩。

王燕大学毕业后不久就与男朋友文华同居了，可是令她没有想到的是，文华竟背着她跟在法国留学的前任女友藕断丝连。后来在前女友的帮助下，文华很快就办好了去法国留学的签证，这时一直蒙在鼓里的王燕才知道事情的真相。就在她还未来得及悲伤的时候，文华已经坐上飞机远走高飞了。没有了文华，王燕也就没有了终成眷属的期待，她决心化悲痛为力量，将业余时间都用在学习上，准备报考研究生。她想充实自己，也想在美丽的校园里让自己洁净身心。

可是就在这时她发现，她怀上了文华的孩子，唯一的方法是不为人知地去做人工流产。而她的家乡并不在这里，她实在找不到可以托付的医院或朋友。

她的忧郁不安被她的上司肖科长发现了，一天，下班后办公室里只剩下王燕一个人时，肖科长走了进来，他盯着她看了好半天，突然问起了她的个人生活。这一段时日的忧郁不安使王燕经不起一句关切的问候，她不由得含着眼泪将自己的故事和盘托出。第二天肖科长便带她到一家医院，使她顺利做完了手术，又叫了一辆出租车送她回到宿舍，并为她买了许多营养品。

从那以后，她和肖科长之间仿佛有了一种默契。既已让他分担了她生命中最隐秘的故事，她不由自主地将他看作她最亲密的人了。有一天，她在路上偶然遇到肖科长和他爱人，当时正巧碰上他爱人正在大发脾气，肖科长脸色灰白，一声不吭，他见到王燕后，满脸尴尬。

第二天，肖科长与她谈到他的妻子，说她是一家合资企业的技术工人，文化不高，收入却不低，在家中总是颐指气使，而且在同事和朋友面前也不给他留面子，他做男人的自尊已丧失殆尽。说着说着，他突然握住她的手，狂热地说："我真的爱你。"她了解他的无奈和苦恼，也感激他对她的关心和帮助，虽然明知他是有妇之夫，但还是身不由己地陷了进去。

不知是出于爱的心理还是知恩图报，反正她从此成了他的情人，他对她说的最多的一句话就是："我是真的喜欢你，你放心，我很快就会办离婚。"可是从来不见他开始行动，她心里明白，他不可能离开老婆孩子，但只要他真心爱她，她可以等待。

他们经常在办公室里幽会，时间一过就是两年，她无怨无悔

第七章　我愿陪你携手到老，也不怕从此各奔东西

地等了他两年。一天晚上，当肖科长正狂热地亲吻她时，办公室的门突然被撞开了，单位里另一个科的陶科长一声不吭地在门口站了一会儿，一言不发就走开了。肖科长顿时脸色惨白，惊慌失措，仓皇地离她而去。她预料到会有事情发生，果然，他捷足先登，到上级那里交待，他痛心疾首地说自己一时糊涂，没能抵挡住她投怀送抱的诱惑。

她气愤至极，赶到他家里要讨个说法。他爱人不明就里，把她让到书房。不一会儿，她看到肖科长扛着一袋大米回来了，一进门就肉麻地叫着他爱人的小名，分明是一位体贴又忠诚的丈夫，然后直奔厨房，系起了围裙。等他爱人好不容易有空告诉他有客人来了时，他甩着两只油手，出现在书房门口，一见是她，大张着嘴半天说不出一句话。

刹那间，她的心泪雨滂沱，为自己那份圣洁的感情又遭践踏，也为自己真心错许眼前这个虚伪软弱的男人，所有的话都没有必要再说，她昂首走出了房门。

自尊心很强的她带着一身的创伤，辞职离开了这个给了她太多伤心的城市，从此开始了漂泊的生活。

从古至今，无数痴情人在等待中度日如年，憔悴年华。他们执着地等待，以为心诚能使铁树开花。有时等待是合理的，有时等待就是一种浪费，比如爱上有夫之妇或者有妇之夫，这样的等待，时间越长，伤害就越大。在婚外恋中，当事人并非不知什么是应该做的，什么是不应该做的，其实他们心中是雪亮的，只是

有时是身不由己，有时是故意与自己过不去。

　　在对的时间遇到对的人，得到的将是一生的幸福；在错误的时间里遇到错误的人，换回的可能就是一段心伤。在感情的故事里，有些人你永远不必等，因为等到最后受伤的只会是自己。

第八章
这样的孤独，虽败犹荣

每个人都具备人的两面性：善良和邪恶。浮躁的世界里，如果我们能够以心灵的对白时刻警醒自己，让生活的正能量得以传播，那么虽然走在一个人的世界里，我们的孤独，也是虽败犹荣。

有时，真理只掌握在少数人手中

真理刚刚被提出来的阶段，大众并不接受它，因为"跟风"已经成了很多人的习惯。其实，群众的眼睛并不是雪亮的，因为大部分人只是随势所趋，并没有真正的判断力，而真理需要那一小部分人在孤独中坚持。

布鲁诺生于意大利拿坡里附近的一个小镇，九岁的时候，他前往那不勒斯城学习人文科学、逻辑和辩论术。他勤奋好学，大胆而勇敢。在接触了哥白尼的《天体运行论》以后，他被强烈地吸引了。从此，他开始了为科学、为真理献身的故事。

因为信奉哥白尼学说，布鲁诺被当时的宗教势力看作是宗教的叛徒，并被革除了教籍。不得已，布鲁诺只好逃离修道院，流亡国外，四海为家。虽然孤立无援，布鲁诺仍然矢志不渝地宣传科学真理。他到处做报告、写文章，还时常地出席一些大学的辩论会，用他的笔和舌毫无畏惧地积极颂扬哥白尼学说，无情地抨击官方经院哲学的陈腐教条。

在《论无限、宇宙及世界》这一书中，布鲁诺提出了宇宙无限的思想，他认为宇宙是统一的、物质的、无限的和永恒的，在

第八章　这样的孤独，虽败犹荣

太阳系以外还有数不清的天体，而人类所看到的只是无限宇宙中极为渺小的一部分，地球只不过是无限宇宙中一粒小小的尘埃。

布鲁诺进而指出，千千万万颗恒星都是如同太阳那样巨大而炽热的星辰，这些星辰向四面八方疾驰不息。它们的周围也有许多像我们地球这样的行星，行星周围又有许多卫星。生命不仅在我们的地球上有，也可能存在于那些人们看不到的遥远的行星上……

布鲁诺成了天主教会眼中极端有害的"异端"和十恶不赦的敌人。他们施展狡诈的阴谋诡计，收买布鲁诺的朋友，将布鲁诺诱骗回国。布鲁诺被逮捕了，他们把他囚禁在宗教判所的监狱里，接连不断地审讯和折磨竟达八年之久！由于布鲁诺是一位声望很高的学者，所以天主教企图迫使他当众悔悟，但他们万万没有想到，一切的恐吓、威胁、利诱都丝毫没有动摇布鲁诺相信真理的信念。天主教会的人绝望了，他们凶相毕露，建议当局将布鲁诺活活烧死。布鲁诺似乎早已料到，当他听完宣判后，面不改色地对这伙凶残的刽子手轻蔑地说："你们宣读判决时的恐惧心理，比我走向火堆还要大得多。"

布鲁诺被活活烧死在罗马的百花广场。由于布鲁诺不遗余力地大力宣传，哥白尼学说传遍了整个欧洲。天主教会深深知道这种科学对他们是莫大的威胁，决定将《天体运动论》列为禁书，不准宣传哥白尼的学说。

然而，真理总有到来的那一天，多年以后，人们在布鲁诺殉难的百花广场上竖起了他的铜像，永远纪念这位为科学献身的勇士。

不要过于相信大多数人认为的"真理"，真理的确立靠的并不是人多，人多的好处是力量大，但选择的道路不一定是正确的。与众人相对而立，这样的追逐也许是孤独的，然而真相终究会给你补偿。

宁受一时孤独，不取万古凄凉

滚滚红尘中，谁能耐得住孤独，淡看风花雪月事？达人当观物外之物，思身后之身。宁受一时之孤独，毋取万古之凄凉！

一个能够坚守道德准则的人，也许会孤独一时；一个依附权贵的人，却会有永远的凄凉。心胸豁达宽广的人，考虑到死后的千古名誉，所以宁可坚守道德准则而忍受一时的孤独，也绝不会因依附权贵而遭受万世的凄凉。

西汉扬雄世代以农桑为业，家产不过十金，"乏无儋石之储"，却能淡然处之。他口吃不能疾言，却好学深思，"博览无所不见"，尤好圣哲之书。扬雄不汲汲于富贵，不戚戚于贫贱，"不修廉隅以徼名当世"。

第八章 这样的孤独，虽败犹荣

四十多岁时，扬雄游学京师。大司马车骑将军王音"奇其文雅"，召为门下史。后来，扬雄被荐为待诏，以奏《羽猎赋》合成帝旨意，除为郎，给事黄门，与王莽、刘歆并立。哀帝时，董贤受宠，攀附他的人有的做了二千石的大官。扬雄当时正在草拟《太玄》，泊如自守，不趋炎附势。有人嘲笑他，"得遭明盛之世，处不讳之朝"，竟然不能"画一奇，出一策"，以取悦于人主，反而著《太玄》，使自己位不过侍郎，"擢才给事黄门"，何必这样呢？扬雄闻言，著《解嘲》一文，认为"位极者宗危，自守者身全"，表明自己甘心"知玄知默，守道之极；爱清爱静，游神之廷；惟寂惟寞，守德之宅"，决不追逐势利。

王莽代汉后，刘歆为上公，不少谈说之士用符命来称颂王莽的功德，也因此授官封爵。扬雄不为禄位所动，依旧校书于天禄阁。王莽本以符命自立，即位后，他则要"绝其原以神前事"。可是甄丰的儿子甄寻、刘歆的儿子刘棻不明就里，继续做符命以献。王莽大怒，诛杀了甄丰父子，将刘棻发配到边远地方，受牵连的人，一律收捕，无须奏请。刘棻曾向扬雄学做奇字，扬雄不知道他献符命之事。案发后，他担心不能幸免，身受凌辱，就从天禄阁上跳下，幸好未摔死。后以不知情，"有诏勿问"。

道德这个词看起来有点高不可攀，但仔细回味，却如吃饭穿衣，真切自然，它是人人所恪守的行为准则。在中国历史的发展过程中，人才辈出，却大浪淘沙，说到底，归于文格、人格之高低。真正有骨气的人，恪守道德，甘于清贫，尽管贫穷潦倒，孤独一时，终受人赞颂。

不少现代人畏惧孤独，其实，它可使浅薄的人浮躁，使空虚的人孤苦，也可使睿智的人深沉，使淡泊的人从容。

北宋文豪苏轼因"乌台诗案"被贬至黄州为团练副史四年后，写下一篇短文：

"元丰六年十月十二日，夜，解衣欲睡，月色入户，欣然起行。念无与为乐者，遂至承天寺，寻张怀民。怀民亦未寝，相与步于庭中，庭下如积水空明，水中藻荇交横，盖竹、柏影也。何夜无月？何处无竹柏？但少闲人如吾两者耳。"

透过孤独，我们品咂出几分潇洒、几分自如。

古今中外，智者们往往独守这份孤独，因为他们深知，最好的往往是最孤独的，一个人要想成功，必须能够承受孤独。

其实，孤独是一种难得的感觉，在感到孤独时轻轻地合上门和窗，隔去外面喧闹的世界，默默地坐在书架前，用粗糙的手掌爱抚地拂去书本上的灰尘，翻着书页，嗅觉立刻又触到了久违的纸墨清香。

第八章 这样的孤独，虽败犹荣

达则兼济天下，穷则独善其身

"已是悬崖百丈冰，犹有花枝俏"。梅花被誉为四君子之一，代表了君子在艰难的环境中独自绽放的坚韧性格。在当下，尤其缺少这种耐得住孤独的精神。

那个"烟花般灿烂，烟花般寂寞的"奇女子张爱玲，那么清冷孤独。不知是不是因为幼时家庭的不幸，使她有一种偏执与清冷，这便注定她孤独的一生——孤独地活着，孤独地死去，留下一片叹息。她的孤独也成就了她，她把她的孤独与清冷全部投入文学创作中，《倾城之恋》《金锁记》等，在她的作品中我们可以看到十里洋场的灯红酒绿和风流韵致，还可以看到深深的孤独，仿佛有种孤身一人在深山老林的感觉——孤独、凄凉，还有一点绝望。这样一个在孤独中成长的女子，一生孤独，生死皆美。她的孤独让她在中国文坛乃至世界文坛上留下光辉而清冷的一笔，让她变成一个传奇。

在孤独中成长也不见得是坏事，对于那些注定要改变世界的人来说，孤独是他们最好的礼物，让他们心无旁骛，使他们熠熠生辉。

从另一个角度来说，孤独是一个人通往心灵的唯一途径，也是一个自我了解的唯一方法。李白有诗云："古来圣贤皆寂寞。"亚里士多德曾经说过：所有在哲学、艺术、政治上有杰出成就的伟人，无不具有孤独而忧郁的气质。可谓英雄所见略同，那些智者对于孤独的看法是一致的。

在中国古代的文坛上，一群在孤独中绽放的精英们，点缀着漫长的文学史。在他们身上，映射出的是"达则兼济天下，穷则独善其身"的人生哲学。

屈原的一生都是孤独的，他的孤独是命运赐予的，可以说他无从选择，更没有主动地选择。正因"世溷浊而莫吾知兮"，所以只能"吾方高驰而不顾"。正因"燕雀乌鹊，巢堂坛兮"，所以只能"鸾鸟凤凰，日以远兮"。我们的大诗人，一心所想的是报楚国，清君侧，虽"阽余生而危死兮，览余初其犹未悔"，然而正是这种孤独，造就了我们这位伟大的爱国诗人。正是因为这个孤独，才会有《离骚》的诞生。屈原在他旷世的孤独中，向后人展示了独特的魅力。

当历史的车轮滚滚驶入东汉末，那时候群雄割据，战乱连连，整个社会陷入了"礼崩乐坏"。有识之士，没有用武之地。阮籍少年时胸怀"济世志"，而在当时的境况下，学会了明哲保身。后人在《世说新语》中说他"未尝评论时事，臧否人物"。他经常独自驾车出行，行到无路可走时，大哭而返。这就是所谓的"阮籍猖狂，岂效穷途之哭"。有时他还会箕坐啸咏，旁若无人。其实，他做着常人无法理解的事情，正说明了他内心强烈的孤独。正如贝母最终将一粒沙子凝聚成珍珠一样，阮籍把他绝世的孤独凝成了《永怀》诗八十余篇。诗歌记录下了一位身处乱世不被理解与重用的孤独者的心路历程。比如："夜中不能寐，起坐弹鸣琴。徘徊将何见，忧思独伤心"，又如"独坐空堂上，谁可怀同欢。出门临永路，不见车马行。登高望九州，悠悠分旷野"，无不向世人展示了诗人孤独的心境。

这也是一种众人皆醉我独醒的孤独，他们是乱世中文坛上独自绽放的梅花，他们向世人展示了孤独之美，那缕缕暗香亘古不息。

无论往昔，还是今夕，伟大常是需要孤独来陪伴。就像一朵寒梅，只有忍受了冬天里的孤独，才能换来与众不同的傲骨。

孤独的时光本身就是一种沉淀。所以不要在意现在的孤独是多么痛苦，不要因为眼前的孤独而让自己失去了奋斗的理智，沉淀自己，利用孤独，让自己的孤独开花结果。

养心莫善于寡欲，其人也刚矣

人与欲望之间，有一场没有硝烟永不会结束的战争，不是人将欲望压制，就是欲望将人奴役，当欲望泛滥之时，即使那念头堂而皇之,也禁不住它将人拉入堕落的深渊。人过于贪婪,秉性就会变得懦弱,就有可能屈服于欲望,违心去做一些不该做的事情。

两千多年前,孔老夫子的学生曾子就已经做出了透彻分析,他说"纵君有赐,不我骄也,我岂能勿畏乎?受人施者常畏人,与人者常骄人"。的确如此,"受人施者常畏人,与人者常骄人",这与老百姓常说的"吃人家的嘴短,拿人家的手短"是一个道理。我们平白接受了别人的好处,难免就要去迎合别人的意志,导致自己在对方面前时时处于被动地位。

要避免出现这种受制于人的无奈,就需要我们把欲望克制在一个合理的尺度上,清心而寡欲,淡泊而守志,如此才能刚锋永在,清节长存。

在电视剧《李卫当官》中就有这样一个情节:

几任县令被李卫杀死后,康熙皇帝召见李卫,问他:"如果让你做县令治理一个贫困县,你能治理好吗?"

李卫回答:"能。"

康熙又问:"给你50万两纹银,你能保证把它全部用在百姓身上吗?"

李卫还是回答:"能。"

康熙再问:"你凭什么认为自己能?"

李卫答道:"因为我根本就不想当官。"

李卫一句话道破了真机:无欲则刚。因为清心寡欲,没有私

第八章 这样的孤独，虽败犹荣

心，所以李卫不会中饱私囊，也不必拿银子为自己的仕途斡旋，所以他能够把银子全部用在百姓身上，所以他有这份自信，认定自己能当个好官。

《倩女幽魂》中也有一个类似的场景。

鬼想附体宁采臣身上，问他："你有什么愿望，我可以满足你。"

宁采臣回答："我什么愿望也没有。"

鬼又问他："你不想发财吗？"

宁采臣答："不想。"

鬼再问："你不想出名吗？"

宁采臣答："不想。"

鬼仍不甘心："那你不喜欢美色吗？"

"不喜欢。"

所以孟子说："养心莫善于寡欲。其为人也寡欲，虽有不存焉者，寡矣；其为人也多欲，虽有存焉者，寡矣。"这是在告诫我们要收敛自己日益膨胀的欲望，不然品性将会变质，即所求越多，所失越大。对此，郑板桥也有自己独到的见解，他说："海纳百川有容乃大，壁立千仞无欲则刚。"意思是说：大海之所以无限宽广，是因为它可以容纳众多河流，这里借指人心；千仞绝壁之所以能够巍然耸立，是因为它没有世俗的欲望，借喻人只有做到清心寡欲，才能达到"大义凛然（刚）"的境界。清末民族英雄林则徐在禁烟时，将其作为自己的座右铭，意在告诫自己：只有广纳人言，才能博取众长，把事情做得更好；只有杜绝私欲，才能如大山般刚正不阿，屹立于世。林则徐授命于民族危难之际，以此对来警醒自己，他所倡导的这种精神着实令人敬佩，对于我们而言有着莫大的借鉴意义。

修德我为人先，取利我在人后

在"苛政猛于虎"、百姓不堪重负的元代，董文炳在县令任上，敢于"为民获罪"，设法不报实际户数，使百姓的负担在为减少。后又拒绝府臣的贪得无厌，以"理终不能剥民求利"的情怀，弃官而去。

董文炳出任县令，逢朝廷之命开始普查百姓的户数，以便按户数征收税赋，并且下令敢于隐瞒实际户数的，都要处以死刑，没收家财。董文炳看到百姓的税赋太重，要百姓聚居一起，以减少户数。众官吏认为不能这么做，董文炳说："为百姓犯法而获罪，我心甘情愿。"百姓中也有人不太愿意这样做，董文炳说："他们以后会知道我要他们这样做的好处，会感谢我而不会怪罪我的。"由此，赋敛大为减少，百姓都因而很富足。董文炳的声誉波及四周，旁县的人有诉讼不能得到公正判决的，都来请董文炳裁决。董文炳曾到大府去述职，旁县的人纷纷来看他。有人说："我多次听说董县令，无缘一见。今看到董县令也是人，为何明断如神呢？"当时的府臣贪得无厌，向董文炳索取钱物，董文炳拒不肯给。同时有人向府里进谗言诋毁董文炳，府臣便欲加以中伤陷害。董文炳说："我到死也不会剥削百姓去得利益。"当即弃官而去。

董文炳不仅"终不能剥百姓求利"，而且处处为百姓谋利，还多次慷慨地为百姓捐私产。《元史·董文炳传》载：当地十分贫穷，加之干旱，蝗虫肆虐，而朝廷的"征敛日暴"，令百姓更是难以生存。董文炳自己拿出私粮数千石分给百姓，以使百姓的困境有所宽解。又因为前一任县令"军兴乏用，称贷于人"，而贷家索取利息数倍，县府没办法还贷，欲将百姓的蚕丝和粮食拿来偿还。这时，董文炳站出来说："百姓实在太困苦了，我现在位任县令，又不忍视百姓再遭搜刮，由我来代偿吧！"于是将自己的"田、庐若干亩，计值与贷家"，同时"复籍县间田以民为业，使耕之"，使得流离失所的百姓逐渐回来安居乐业，数年间便达到"民食以足"。

只要是对百姓有利的事，都勇于去做，不怕丢官，甚至不怕丢命，"为民获罪，吾所甘心"。贪婪的府臣索贿不成，欲借机加以陷害，董文炳弃官而去，其理由则是至死也不愿为个人的前程去剥夺百姓，满足那些高踞头上的贪官污吏难填的欲壑。董文炳勇于舍弃前程，他捐赠自己的私粮给贫民，他不忍心取百姓的衣食还前任县令的借贷，而是将自己的田地、房舍抵贷，这些都是为苍生百姓着想。不谋私利，不敛钱财。

后来，董文炳领兵进入福建后对百姓秋毫无犯，《元史·董文炳传》记载道："文炳进兵所过，禁士马无敢履践田麦，曰：'在仓者，吾既食之；在野者，汝又践之，新邑之民，何以续命。'是以南人感之，不忍以兵相向。"后来，"闽人感文炳德最深，高而祀之"。不仅百姓不忘记这样的良吏，历史也同样不会忘记。

人的品质修行是从实际的利益中体现和磨炼出来的。范仲淹说"先天下之忧而忧，后天下之乐而乐"，表现了一种传统的、优良的人生态度。现在提倡"吃苦在前，享乐在后"，表现的同样是"德在人先，利居人后"的境界。在名利享受上不争先，不分外；在德业修为上时时提高，是个人品德高尚的具体表现。

穷益志坚，坚守在心灵的乐土上

孔子说："贤哉，回也！一箪食，一瓢饮，在陋巷，人不堪其忧，回也不改其乐，贤哉，回也！"颜回的物质生活是如此艰苦，一般人处在这种环境中，心里的忧愁和烦恼都吃不消，而他却能淡然处之，心里一样快乐，并且保持着顶天立地的气概。所以孔子对他一夸再夸，说他"了不起！"。在孔子看来，有理想、有志向的君子，不会总是为了自己的吃穿住而奔波，"饭疏食饮水，曲肱而枕之"，对于有理想的人来讲，可以说是乐在其中。

一个人的思想，一旦升华到追求崇高理想上去，就能够放宽心境，不为物累，心地无私、无欲，随时随地去享受人生，也就苦亦乐、穷亦乐、困亦乐、危亦乐了！这是没有身临其境的人所难以理解的。真正有修养、高品位的人，他们活得快乐，但所乐也并非那种贫苦生活，而是一种不受物役的"知天"、"乐天"的精神境界。

古人云，求名之心过盛必作伪，利欲之心过剩则偏执。能够做到视名利如粪土，视物质为赘物，在简单、朴素中体验心灵的丰盈、充实，才能将自己始终置身于一种平和、淡定的境界之中。

在贵州边远山区有这样一位辛勤耕耘29年的老师，他爱岗敬业、安贫乐教，凭着对乡村教育事业的热爱、对农村孩子的无私奉献，在偏僻落后的瓮溪镇胜利村扎根安家，几十年如一日，把自己的青春和热血默默奉献给了乡村教育事业，他就是场井小学校长、县级"先进教师"冷应金老师。

高考落榜的他因家境贫寒，复学无望，同许多农家子弟一样，只得过早地担起农耕。后因场井小学缺教师，他被乡政府招聘到场井小学代课。怀着对家乡的热爱、对教育事业的满腔热情，他在场井这块贫瘠的热土上，一干就是29年。29年的风风雨雨、酸甜苦辣，多少教师来了又走，而他却矢志不渝地耕耘在这片贫瘠的土地上，独享那份"仰不愧天，俯不怍地"和"得天下英才而教育之"的幸福。

有好多人不解："场井这么偏僻、落后，有什么值得留恋的呢？"他却说："场井虽然贫穷，但这里的人淳朴、善良，他们把所有的希望都寄托在孩子身上，我舍不得这些孩子呀！我同样有着一个苦难的童年，同样从贫穷和困苦中走来，是亲朋好友的支助才使我顺利完成了高中学业的。"

从1993年9月开始，他一直既担任场井小学校长，又负责毕业班语文教学工作。场井小学是瓮溪镇的一所较边远山区的村级学校，该校位于瓮溪镇的东北部，东面以跳蹲河为界与石阡县川岩坝隔河相望，离镇政府所在地十公里，交通极为不便，学校条件极其艰苦。加之当地农民普遍外出打工，留守儿童、空巢老人居多，学生入学保学问题尤为突出，使教学任务极为艰辛。但他只有一个梦想："将场井小学这个'家'建设好。"几十年的风雨兼程，他的理念依旧是那般坚定，无怨无悔。为此，他放弃了参加"财干"招录的机会，也错过了调入瓮溪中学的机遇，始终如一，坚守在这一方贫穷的土地上。

他真诚关爱每一名学生，特别是单亲家庭、贫困家庭的孩子。在学习和生活上，给予孩子们无微不至的关爱。班上同学病了，他会赶紧送去医院；雨天，路远的孩子不能回家，他会把孩子们安排在自己家里寄宿；冬天，看到学生冻红了小手，他会带来手套让孩子御寒；对在家不听话的留守儿童，他会利用假日进行家访……

第八章 这样的孤独，虽败犹荣

"立足三尺讲台，塑造无悔人生"，这是他工作的座右铭。一个朴实、勤恳、清贫、地道的农家子弟，从站在讲台的第一天起，他就在努力地奋斗着，希望家乡的明天会更美，更希望边远山区的孩子们能走出大山，享受更多的阳光雨露。如今，他已两鬓斑白，不再年轻，但他依然站在讲台上，春晖在他的心头依然闪烁着。

对教育事业的热爱，成为他人生的精神支柱，他用心中的那份赤诚、那份执着，在大山里耕耘着自己不平凡的事业。他扎根在教育一线，立足在教育基层，对教育事业一往情深、执着追求、不计得失、乐于奉献，深得师生好评、领导的肯定、社会的认同。在付出与回报面前，他认为自己只是边远山村学校里一支燃烧不息的红蜡烛，是播种知识、传承文明的继承人，是大山深处的耕种人。

在追逐欲望的过程中，许多现代人忘了生命中除却物质之外的很多东西。或许，冷老师才真正参悟了人生的真谛。

人应当能够承受物质生活对身心所产生的影响。现实中的"俗人"往往因穷困而潦倒，但聪明的智者却能随遇而安或穷益志坚，不受任何影响地充分享受人生，并且能做出一番不平凡的事业来。

有句话说："穷到极点，不是衣不蔽体，而是没有表情。"所以，当精神沉沦于物质中，你便沦为了金钱的奴隶；当物质氤氲于精神中，你才是自己的主人。

克私欲，存公德

公正廉明是做官的基本要求，对清官来讲，首先是不贪，然后是无私。不贪则廉，无私则公。不论为官或治家，必须以身作则，奉公守法，避免上行下效。持家同样如此。为人应心气平和，保持勤俭节约的传统美德。很多东西从道理上讲人们很清楚，但行动起来确实很难，人们如果能多克服些私欲就可以多存些公德。

山东德州人李允祯，顺治元年(1644年)任直隶故城县知县。该县旧丁口册载16岁以上男丁一万多，经过战火摧残，编审实丁只有七千多一点，可是仍按旧册数目征兵纳税。允祯正要行文上司照实丁计征，忽接调令去江南丰县任知县。人们劝他这里的事就别管了，他慨然说道："我还没有交差，要负责到底。"于是在县府庭院召集县民，当众焚烧旧丁口册，连夜赶造新册，申请省府审批。由于他的实事求是，虽然他调走了，故城县却免交浮粮，人民欢欣。

到丰县，管县库的官员张某送上金币和器具，谄媚地说："这是司库的规矩，请大人笑纳。"允祯大怒，命将原物归库，杖张某一顿棍子并予以免职。在任三年，他从不私自支取库中一分钱。

第八章 这样的孤独，虽败犹荣

丰县一些地痞恶棍与奸吏勾结，动辄造事诬告好人，千方百计使他破产，名叫"施状"。允禛把这恶习呈报知府，并请求将告"施状"的几个人交回丰县。在人证物证面前，审理明白，被诬告的人释放，而杖毙诬告者。

黄河决口，上级命令丰县征集柳条上万捆，县吏建议由各里甲办理送去。允禛说道："你们倒舒服，可是想没想老百姓就要鸡犬不宁了！县城西郊十里左右就是一大片柳林，无主的就可以砍伐，让有牛车户运输，由官家按时价租赁，你们照此速办。"果然，不到十天便完成上级交下的任务。

县里有个土豪，想霸占某人之妻，用巨金买通死囚犯供某人同伙，某人已入狱，受重刑快死了。允禛查案卷觉得有冤，晚上微服进牢房，慢慢从犯人口中获得狱吏与土豪相互为奸的情况，又从社会上调查出该案原委，于是马上释放某人，对土豪和狱吏依法处治。

与丰县相邻的砀山县发生动乱，朝廷下令允禛代理砀山县事。济宁驻防军奉令调来，声言要屠杀城民，不要放过一个乱党。允禛急忙吩咐杀牛备酒在城外犒赏大军，并说："城内都是良民，已经没有贼子了。"驻防军官不答应，坚决要把全城人过过筛子。允禛当然知道，所谓过筛子，必然会滥杀无辜，抢掠民财。当官要为民做主，允禛厉声道："总兵大人，这县是允禛管理的县，假使今后发生不测，我自负责，请大人放心。"结果没让大军进城骚扰。该县一些人往日有仇，彼此密告通贼。允禛向朝廷解释，使许多被诬告者免除死罪。

211

不违背自己的良心，不违背人之常情，不浪费物资财力，做到这三点就可以在天地之间树立善良的心性，为民众创造生机，为子子孙孙造福。

为官从政，造福于民，是一种至高无上的原则，即使因此得罪于权贵，也不违背自己的良心，更不违背人的常情。为民负责，为民做主，才是为官的正道、品行修炼的正途，才能为人所称道，受万人敬仰。

当别人误解我的时候，我总是沉默

在漫长的人生岁月里，我们难免会遇到各种各样、大大小小的误解，可能是来自亲人朋友，也可能是来自同事领导，可能是来自认识的人，也可能是不认识的人，甚至是意想不到的状况。这是很无奈的，但终究无法避免。

被误解是一种委屈，在承受这种委屈的时候，人难免会产生不被理解的孤独感，但随着时间的推移，终有一日会真相大白。正所谓"此时无声胜有声"，面对误解，若能坦然以对，扛起这份孤独，不极力争辩，而极力包容，然后保持本色，那么当事情水落石出的时候，你一定会得到更多的赞叹和尊重。

日本的白隐禅师，道行高深，负有盛名。

第八章　这样的孤独，虽败犹荣

白隐居住的禅寺附近有户人家的女孩怀孕了，女孩的母亲大为愤怒，一定要她找出"肇事者"。因为女孩经常去寺院，情急之下，就说："是白隐的。"

女孩的母亲跑到禅寺找到白隐，又哭又闹。白隐明白了怎么回事后，没做任何辩解，只是低声地对女孩和她母亲道："是这样的吗？"

孩子生下后，女孩的母亲又当着寺院所有僧人面送给白隐，要他抚养。白隐把婴儿接过来，小心地抱到自己内室，安排人悉心喂养。

多年以后，女孩受不住良心的折磨，向外界道出了事情的真相，并亲自到白隐的跟前赎罪。白隐面色平静，仍是低声地说了句："是这样的吗？"就将孩子还给女孩。

一切都是那么平静，就像什么都没有发生过一样。

误解有时使人蒙受不白之冤，饱受磨难。我们虽然不愿却又不能阻止其发生。那么，既知晓误解之难免，又明悟误解之奇幻，我们就应该学会宽容、学会善待。坦然面对误解吧，只要一如既往地坚持自己的做人原则，正确调整自己的处世行为，保持良好的心态和清醒的头脑，那些误解终归会自然消除。如果人人都能用一颗宽阔的心、用无边的理解去容纳人生的种种误解，这个世界一定会更加和谐、更加美好，而我们的明天也会充满幸福和快乐。

结庐在人境，心远地自偏

陶渊明曾经写过这样几句诗："结庐在人境，而无车马喧。问君何能尔，心远地自偏。"所谓心远地自偏，说的是人从心里摒除浮躁，洗去欲望，能够有一个淡然处之的心态，甘于孤独，这样即使身处闹市，也能悠然自得，能豁达地面对尘世的纷纷扰扰。

东晋时，吴隐之经旧邻韩康伯推荐，出任"辅国功曹"，随后官职不断升迁，历任卫将军主簿、晋陵太守、左卫将军、广州刺史、太常、中领军等职。

然而他却没让生活随着他官职的升迁而奢华，依然过着清贫的日子。下属们都有些不解，有人曾经问他："你寒窗苦读，有了今天的地位也不想改善自己的生活，你不觉得有点吃亏吗？"

吴隐之则说："一个人读书做官如果只为了贪取富贵，他的人生理想就十分低俗，人生也就无味了。读书做官对这些人而言便是件坏事，是促其堕落的平台，又有什么值得称道呢？我不想成为这种人。"吴隐之每月领到俸禄，第一件事便是接济贫穷的亲友和乡邻。他的家人起初并不赞成，常常责备他："你不贪不占，这在做官的人中已是很难得。我们家也不富裕，倘若再将辛苦所得的俸禄白白送给别人，当官还不如做百姓呢！"

吴隐之为了让家人理解自己，耐心做他们的工作，劝诫他们说："戒除贪心不是件容易的事，这需要时时刻刻地努力。我也担心自己一旦富裕起来，就开始追求享受了，现在清苦一些是好事啊！"

吴隐之清廉有德，朝廷对他屡有褒奖，十分信任。当富庶的广州地区的官吏贪污丑闻不断时，朝廷任命吴隐之为广州刺史——在当时来说就是广州地区的最高官员。吴隐之在广州上任之后，不负众望，严惩了一大批贪官污吏和不法商人，使当地习俗日趋淳朴，官吏奉公守法。

吴隐之之所以能够做到不贪、受人尊重，功劳应记在他有一颗无欲之心上。无欲之人，不会因为贫穷而办鸡鸣狗盗之事，更不会因为富贵而变得奢靡起来；无欲之人，不会因为无权而献媚于人前，更不会因为有钱而鱼肉百姓、聚敛财富。

我们常常被欲望缠身，被欲望搅得吃睡不香。人生短短几十年，谁能没有些想法呢，谁又不希望自己活得更舒服些呢？于是，欲望把我们支配得如无头苍蝇般乱转，让我们的身心都疲惫不堪，却很难有所得。无欲而怡然，我们缺少的就是一种淡泊明志的心怀，试着去探寻这种境界，便能找回属于我们的那份怡然生活。

要想修炼自己的内心，就要保持一种心远的状态，只有拥有了这种状态，你才能够获得你想要获得的东西，最终，也才能让自己的孤独变得有价值，让自己的人生变得不再苍凉，生活才会散发出芬芳的气息。

心远地自偏，心远是一种态度，地自偏是一种境界。孤独自豁达，孤独是行为，豁达的是心境。当一个人能够学会独处，能理性分析身边的事情的时候，离豁达也就不远了。退一步海阔天空，很多时候当你静下心来换个角度来看原来的事物，得到的可能是另一种结果。人贵在享受独处，利用孤独的心境去体察生活，体味人生，从而让自己得到升华。

第九章
众人皆醉我独醒

何为迷津?

万物皆空,本无迷津。你若内心贪恋浮华而放不开,便是迷津。苦等他人的指点与救助难得善果,你才是自己的解铃人。

知足常乐，睡得安稳，走路自然踏实

托尔斯泰曾经讲过这样一个故事，有一个人想要得到一块土地，于是地主就对他说："明天早晨，你从这里往外跑，跑一段就插个旗杆。只要你能够在太阳落山之前赶回来，插上旗杆的地方就都归你了。"

于是这个人就拼命地跑，太阳已经偏西了还妄想再跑上一段的路程，虽然这个时候他已经精疲力竭，可是他还是不满足。突然，他不小心摔了个跟头，结果再也没有起来。有人就在他倒下的地方，随便挖了个坑，就把他给埋了。

后来，牧师在给他做祷告的时候说："一个人要多少土地呢，其实就这么大。"正如《伊索寓言》所说："有些人因为贪婪，想得到更多的东西，可是却把现在所拥有的东西也失掉了。"

我们的生活就好像是一杯白开水，杯子里的水清澈透明，不仅没有颜色，而且没有味道，这对于任何人来说都是一样的。在接下来的时间里，我们就可以任意地加糖、加盐，只要你喜欢。

于是，便有许多人往杯子里面添加各种作料，直到杯子里面的水已经溢了出来。最后，你喝到嘴里的水却总是会带有一种苦

第九章 众人皆醉我独醒

涩的味道。

有几个人在岸边钓鱼，而在旁边则有游客在欣赏美景。这个时候只见一名垂钓者把鱼竿一拉，钓上好大一条鱼，足有三尺长，落在地上依然翻腾不止。可是这个时候，垂钓者却按着大鱼，解下鱼嘴里的鱼钩，顺手又将大鱼投进了海里。

周围观看的人们顿时响起了一阵惊叹声：难道如此大的鱼还不能够让他满足吗？这个垂钓者的雄心可真够大的。

就在围观者屏息以待之时，垂钓者的鱼竿又是一扬，这一次钓上来的鱼也不小，足有两尺长，可是垂钓者仍然是不看一眼，顺手就把鱼又丢进了海里。

第三次，垂钓者的鱼竿再一次扬起，这次钓线末端钩着一条不足一尺的鱼。围观的人们以为这条小鱼肯定也会被他扔进大海里面，可是没想到，垂钓者却将鱼解下，小心翼翼地放进了自己的木桶里。

当时观看的人百思不得其解，于是问垂钓者："你为什么舍大而取小呢？"想不到垂钓者的回答竟是："哦，因为我家里的盘子最大的不过一尺长，太大的鱼带回去，盘子也盛不下啊。"

欲望永远是不会满足的，不停地诱惑着我们去追逐物欲和金钱，可是，过多地追逐利益只会让我们迷失生活的方向，所以，做人千万不要太贪心，贪得无厌必然得不偿失，只有适可而止、知足常乐的人才是真正的智者。

伊壁鸠鲁说："谁不知足，谁就不会幸福，即使他是世界的主宰也不例外。"

贪婪其实就是贪得无厌，这是一种过度膨胀的私欲。欲望是没有止境的，不论是对美食、金钱，还是权力等的欲望，永远都是无法得到满足的。所以，当欲望产生的时候，再大的胃口也无法填满，贪得过多的结果只会给自己带来更多的烦恼与麻烦。

所以，我们应该明白：在生活当中，就算是你可以拥有整个世界，其实你一天也不过是吃三餐。这就是人生思索之后的一种醒悟，谁懂得其中的含义，谁就会过得轻松、活得自在，知足常乐，睡得安稳，走路自然也就会踏实，回首往事也就不会存在遗憾了。

所以，不论是喜欢一样东西也好，或者是喜欢一个位置也好，与其让自己负累，倒不如轻松去面对。无论是放弃或者是离开，都会让你学会平静。人生是非常短暂的，我们纵然身在陋巷，也应享受每一刻美好的时光。

"身外物，不奢恋"，这就是思悟后的清醒。我们想想，即使你拥有整个世界，一日三餐，你只能吃饱为止，一次也只能选择睡一张床，这其实是一个普通人也可以享受的。

第九章　众人皆醉我独醒

美酒饮到微醉处，好花看到半开时

　　人生有无限的机会、无限的力量、无限的潜能、无限的意义。可以说，人生就是"无限"的。但是，我们也不能因为无限，就毫无顾忌，妄肆而为。有时候，更应该有个"适可而止"的人生。强开的花难美，早熟的果难甜，天地的节气岁令，总有个时序轮换。悬崖要勒马，尸祝不代庖，举凡吾人的行事，也要有个分寸拿捏。《宝王三昧论》也说："于人不求顺适，人顺适则心必自矜。见利不求沾分，利沾分则痴心亦动。""适可而止"的人生，实在可以作为座右铭的参考。

　　在生活悲欢离合、喜怒哀乐的起承转合过程中，我们应随时随地、恰如其分地选择适合自己的位置。先贤说，"贵在时中"，时就是随时，中就是中和，所谓时中，就是顺时而变，恰到好处。正如孟子所说："可以仕则仕，可以止则止，可以久则久，可以速则速。"鉴于人的情感和欲望常常盲目变化的特点，讲究适中，就是要注意适可而止，见好就收。一个人是否成熟的标志之一是看他会不会退而求其次。退而求其次并不是懦弱畏难。当人生进程的某一方面遇到难以逾越的阻碍时，善于权变通达，心情愉快地选择一个更适合自己的目标去追求，这事实上也是一种进取，是一种更踏实可行的以退为进。古人说："力能则进，否则退，量力而行。"我们在前文也有强调，自不量力、一味逞能实在是我们经营人生的大忌。当我们在一种境地中感到力不从心的时候，退一步或许就是海阔天空。

其实，人生很需要讲究一下"恰到好处"，这是一种什么样的意境呢？就是"美酒饮到微醉处，好花看到半开时"。明人许相卿也说："富贵怕见花开。"此语殊有意味，言已开则谢，适可喜正可惧。做人要有一种自惕惕人的心情，得意时莫忘回头，着手处当留余步。此所谓"知足常足，终身不辱，知止常止，终身不耻"。宋人李若拙因仕海沉浮，作《五知先生传》，谓做人当知时、知难、知命、知退、知足，时人以为智见，反其道而行，结果必适得其反。

然而尘世间，君子好名，小人爱利，大抵如此。可叹，人一旦为名利驱使，往往身不由己，只知进，不知退。尤其在中国古代的政治生活中，不懂得适可而止，见好便收，无疑是临渊纵马。中国的君王，大多数可与同患，难与处安。所以做臣下的在大名之下，往往难以久居。故老子早就有言在先："功名，名遂，身退。"范蠡乘舟浮海，得以终身；文种不听劝告，饮剑自尽。此二人，足以令中国历代臣宦者为戒。不过，人的不幸往往就是"不能知足"。

人在世上，知足就能常乐，见好就收，才是真正的聪明。《红楼梦》中第一回就讲"因嫌纱帽小，致使锁枷扛"。这不就是贪婪的结果？曾听朋友说起这样一件事，颇觉有趣：他的姑婆，一位思想守旧的老人家，一生没有穿过合脚的鞋子，她那鞋总是最大号的。儿孙辈们不解，就问她，她是这样回答的："大鞋小鞋都花一样的钱，为什么不买大的？"

每每朋友说起这件事，总有一些人笑得直不起腰。但事实上，我们之中很多人就有姑婆这样的思想：明明身处不甚寒冷的南方，却偏偏要人给买貂绒大衣，结果显得那样不伦不类；明明肠胃不好，有人请吃海鲜就大快朵颐，结果身体受罪……这些人总是想着能多占就多占，其实只是被内在贪欲推动着，就好像买了特大号的鞋子，忘了自己的脚一样。事实上，无论买什么鞋子，合脚才是最好，不论追求什么，最好还是适可而止。

然而，放眼看世间：权力场你争我斗，生意场上尔虞我诈，感情场上三心二意，股票场上得陇望蜀，最后往往都落得个鸡飞蛋打、人仰马翻，这就是不知见好就收的结果。正所谓"知止所以不殆"，人的欲望沟壑永远也填不满，谁若是一味地追求欲望，那么一生都不会体会到满足的幸福。

这世上没有常青树，也没有常胜将军，在人生这段旅程上，此一时有此一时的想法，彼一时有彼一时的境遇，环境在变，人就要随着应变，以求做出最好的自我调整。无疑，"适可而止，见好就收"的心态，更能令我们清晰地认知外界的这种变化。所以，朋友们不要把"适可而止，见好就收"当成是简单的退缩，它应该是一种随机应变、另谋出路的智慧。

换而言之，那种懦弱的、不知进取之人，是绝不可能见好就收的，因为他们从不曾"好"过。对于我们而言，我们既然已经达到了"好"的程度，当然可以追求更好，但若精力有限，莫不如见好就收，没有必要让自己活得那么累。生活如是，追求如是，感情如是，欲望亦如是。

大千世界，潮涨潮落，阴晴圆缺，成败得失，悲欢离合，万物自有其自身的发展规律，许多时候并不是人力所能转移的，如果我们固执于此，岂不是自己给自己添堵？"深信高禅知此意，闲行闲坐任荣枯"，看看这是一种多么洒脱的境界，做人做事若能及此一二，人生必是另一番皆大欢喜的大好局面。

其实，人生就像打牌一样，一个人不能总是得手，一副好牌之后往往就是坏牌的开始。所以，见好就收便是最大的赢家。

第九章　众人皆醉我独醒

难得糊涂，糊涂难得

这个世界上有太多的人和事你永远都管不完，看不清。所以，清醒的时候就难免心烦意乱，不得安宁，还是糊涂一点更快乐。

人生本就是一场戏，看清了，也就释然了。郑板桥的那四个字"难得糊涂"包含着人生最清醒的智慧和禅机，只可惜有一部分人悟不透，大部分人做不到，所以，终日郁郁寡欢，忙碌不堪，事事要争个明白，处处要求个清楚，结果才发现因为太清醒了、太清楚了反倒失去了该有的快乐和幸福，留给自己的也就只剩下清醒之后的创痛。难得糊涂，糊涂难得。留一半清醒留一半醉，才能在平静之中体味这人生的酸、甜、苦、辣。古人说："水至清则无鱼，人至察则无徒。"水太清澈了，鱼儿们无法藏身，也无法找到可以维持生存的食物，当然只有另寻可以生存的水域。人活得太清楚，要求太苛刻，也就没有了朋友。因为所有的人都有这样那样的缺点。你紧抓着这些不放，当然没有人敢接近你。做事也是如此。

所以，人何必活得那么清醒，自己太累，别人也不舒服。

有了"糊涂"这种大智慧，你就会感到"天在内，人在外"，天人合一，心灵自由，获得一种从未有过的解放。

凭着这颗自由的心，你再不会为物所累，为名所诱，为官所动，为色所惑。

有了这种大智慧，你才会幡然顿悟，参透人生，超越生命，不以生为乐，不以死为悲，天地悠悠，顺其自然，人间得以恬静，心灵得以安宁。

俗人昭昭，我独昏昏；
俗人察察，我独闷闷

人生梦一场，醒时梦时没什么大的区别，如果放下所有的一切，梦时反而比醒时幸福。所以，醒时也不妨也让自己做做梦，活得轻松一点，糊涂一点。

人生是个万花筒，一个人在复杂莫测的变幻之中，需要运用足够的智慧来权衡利弊。但是，人有时候亦应以静观动，守拙若愚。这其实比聪明还要胜出一筹。聪明是天赋的智慧，糊涂是后

第九章 众人皆醉我独醒

天的聪明，人贵在能集聪明与愚钝于一身，随机应变，该糊涂处且糊涂。

一位小和尚对于许多事都弄不明白，觉得自己很笨，没有别人活得清醒，便去请教禅师如何能让自己活得清醒一点。

禅师并没有非常明确地说明，却对他讲了一个庄周梦蝶的故事。

战国时期，哲学家庄周一直生活在痛苦当中，没有知己，他必须强迫自己摒除杂念，才能独自地生活下去。

一天黄昏，他实在想放松一下，便去了郊外。那里有一片广阔的草地。他仰面躺到了上面，尽情地享受着，不知不觉就进入了梦乡。在梦中，他成了一只色彩斑斓的蝴蝶，在花草丛中尽情地飞舞着。上有蓝天白云，下有金色的大地，周围的景色也十分迷人，一切都是那么的快乐与温馨。他完全忘却了自我，整个人都被美妙的梦境所陶醉了。

梦终归有醒时，但他对于梦境与现实无法区分，发出一声感慨："是庄周梦蝶，还是蝴蝶庄周？"

人生梦一场，醒时梦时没什么大的区别，如果放下所有的一切，梦时反而比醒时幸福。所以，醒时也不妨也让自己做做梦，活得轻松一点，糊涂一点。

老子大概是把糊涂艺术上升至理论高度的第一人。他自称"俗人昭昭，我独昏昏；俗人察察，我独闷闷"。而作为老子哲学核心范畴的"道"，更是那种"视之不见，听之不闻，搏之不得"

的似糊涂又非糊涂、似聪明又非聪明的境界。人依于道而行，将会"大直若屈，大巧若拙，大辩若讷"。中国人向来对"智"与"愚"持辩证的观点，《列子·汤问》里愚公与智叟的故事，就是我们理解智愚的范本。庄子说："知其愚者非大愚也，知其惑者非大惑也。"人只要知道自己愚和惑，就不算是真愚真惑。是愚是惑，各人心里明白就足够了。

孔子说："宁武子，邦有道则知，邦无道则愚。其知可及也。"宁武子即宁俞，是春秋时期卫国的大夫，他辅佐卫文公时天下太平、政治清明。但到了卫文公的儿子卫成公执政后，国家则出现内乱，卫成公出奔陈国。宁俞则留在国内，仍是为国忠心耿耿，表面上却装出一副糊里糊涂的样子。后来周天子出面，请诸侯霸主晋文公率师入卫，诛杀佞臣，重立卫成公，宁俞依然身居大夫之位。这是孔子对"愚"欣赏的典故，他很敬佩宁俞"邦无道则愚"的处世方法，认为一般人可以像宁俞那么聪明，但很难像宁俞那样"糊涂"。

郑板桥以个性"落拓不羁"闻于史，心地却十分善良。他曾给其堂弟写过一封信，信中说："愚兄平生谩骂无礼，然人有一才一技之长，一行一言为美，未尝不啧啧称道。囊中数千金，随手散尽，爱人故也。"以仁者爱人之心处世，必不肯事事与人过于认真，因而"难得糊涂"确实是郑板桥襟怀坦荡无私的真实写照，并非一般人所理解的那种毫无原则、稀里糊涂地做人。糊涂难，难在人私心太重，执着于自我，陡觉世界太小，眼前只有名利，不免斤斤计较。《列子》中有齐人攫金的故事，齐人被抓住时官吏问他："市场上这么多人，你怎敢抢金子？"齐人坦言陈辞："拿金子时，看不见人，只看见金子。"可见，人一旦迷恋私利，心中便别无他物，唯利是图，用现代人的话说就是：掉进钱眼儿里去了！

睁一只眼观心自省，闭一只眼淡看红尘

人生难得糊涂，很多时候，我们不妨睁一只眼睛闭一只眼睛做人。不过，要做到这一点确实不易，这不仅需要有一定的修养，还需要有一定的雅量。

人生，没有必要太过较真，你只需把真理留在心间，又何必非要每个人都与你"心意相通"？人生于世，若是能够做到睁一只眼观心自省，闭一只眼淡看红尘是与非，就是一种很高的修行了。

其实很多时候，我们之所以感到不满足和失落，恰恰是因为我们在闭眼看自己，却将眼睛睁得大大地去看待这个世界，因而我们感到不公，感到不幸，感到别人都比我们幸运！如果我们安

心享受自己的生活，不和别人比较，在生活中就会减少许多无谓的烦恼。

某日早上五点，大师出去为自己庙里的葡萄园雇民工。

一个小伙子争着跑了过来。大师与小伙子议定一天十块钱，就派小伙子干活去了。

七点的时候，大师又出去雇了个中年男人，并对他说："你也到我的葡萄园里去吧！一天我给你十块钱。"中年男人就去了。

九点和11点的时候，大师又同样雇来了一个年轻妇女和一个中年妇女。

下午三点的时候，大师又出去，看见一个老头站在那里，就对老头说："为什么你站在这里整天闲着？"

老头对他说："因为没有人雇我。"

大师说："你也到我的葡萄园里去吧！"

到了晚上，大师对他的弟子说："你叫所有的雇工来，分给他们工资，由最后的开始，直到最先的。"

老头首先领了十块钱。

最先被雇的小伙子心想：老头下午才来，都挣十块钱，我起码能挣40块。可是，轮到他的时候，也是十块钱。

小伙子立即就抱怨大师，说："最后雇的老头，不过工作了一个时辰，而你竟把他与干了整整一天的我同等看待，这公平吗？"

大师说："施主，我并没有亏负你，事先你不是和我说好了一天十块钱吗？拿你的走吧！我愿意给这最后来的和给你的一样。

难道你不许我拿自己所有的财物,以我所愿意的方式花吗?或是因为我对别人好,你就眼红吗?"

小伙子听后,默然不语……

生活中,我们只需争取我们该得到的,又何必眼红别人比自己得到的更多。若一路比下去,你定然会沉沦在痛苦之中。享受你所得到的吧!

清心寡欲,自在如水中游鱼

富而不悦者常有,贪而忌忧者亦多。安贫乐道,不为物欲所驱,方能具入世之身而怀出世之心。

古印度有个阿育王,是位护持佛法的大功德主。

他有一个弟弟出家修行得道,阿育王非常欢喜,稽首礼敬,希望弟弟能长期住在皇宫,接受他的供养。但是弟弟却认为:"世间的五欲——财、色、名、食、睡,是禅者至大的障碍,必须弃除,我们的心才能拥有真正的宁静与自在。我依山傍水,清心寡欲,自在如水中游鱼、空中飞鸟,为什么你要把我再次推入世间的泥沼呢?"

阿育王说："在皇宫里，你也可以很自在呀？没有人敢阻碍你的。"弟弟却说："我住在寂静的林野，有十种好处：一、来去自在。二、无我、无我所。三、随意所往，无有障碍。四、欲望减弱，修习寂静。五、住处少欲少事。六、不惜身命，为具足功德故。七、远离众闹市。八、虽行功德，但不求恩报。九、随顺禅定，易得一心。十、于空住，无障碍想。这些都是皇宫里所不具有的。"

阿育王面露难色地说："话是不错，可是你是我的弟弟，我怎么忍心让你这样吃苦呢？""我一点都不觉这样是苦，反而觉得很快乐。我已经脱离了人间的桎梏，为什么你又要让我再戴上五欲的锁链呢？我终日与自然万物同呼吸，与山色共眠起，我以禅悦为食，滋养性命。你却要我高卧锦绣珠玉的大床，可知我一席蒲团，含纳山河大地、日月星光之灵气。常行晏坐，有十种利益：一、不贪身乐。二、不贪睡眠乐。三、不贪卧具乐。四、无卧着席褥苦。五、不随心身欲。六、易得坐禅。七、易读诵经。八、少睡眠。九、身轻易起。十、欲望心薄。我已经从火汤炉炭的痛苦里解脱出来了，你说，我怎么可能再重入火坑，毁灭自己呢？"弟弟坚定地说。阿育王听了这一番剖白，就不再坚持自己的意见了，但心中对于安贫乐道的修行人以无为有的胸怀，生起更深的敬意。

空无，并不是一无所有，它只是让人们减少对物质的依赖，这样反而能照见内心无限的宝藏。而有些人，却不懂得安分，即使有了名利，他们仍然在不停追逐，常常压得自己喘不过气来。

为了舒缓心情，有的人借着出国旅游去散心解闷，希冀能求得一刻的安宁，但终究不是根本之策。

"少一分物欲，就多一分发心；少一分占有，就多一分慈悲"，这是智者的安贫乐道。有的人，下一顿的饭还没有着落，却仍然悠闲地说："没有关系，我有清风明月！"有的人，则是皇帝请他下山却不肯，宁愿以山间的松果为食，与自然同在。正所谓："昨日相约今日期，临行之时又思维；为僧只宜山中坐，国事宴中不相宜。"

有一位富翁来到一个美丽寂静的小岛上，见到当地的一位农民，就问道："你们一般在这里都做些什么呀？"

"我们在这里种田过活呀！"农民回答道。

富翁说："种田有什么意思呀？而且还那么辛苦！"

"那你来这里做什么？"农民反问道。

富翁回答："我来这里是为了欣赏风景，享受与大自然同在的感觉！我平时忙于赚钱，就是为了日后要过这样的生活。"

农民笑着说："数十年来，我们虽然没有赚很多钱，但是我们却一直都过着这样的日子啊！"

听了农民的话，这位富翁陷入了沉思。

也许，生活简单一点，心理负荷就会减轻一些。外出到远方，眼前的繁华美景不过是一时的安乐，与其辛苦地去更换一个环境，不如换一个心境，任人世物转星移，沧海桑田，做个安贫乐道、闲云野鹤的无事人。

所以，人要真正获得自在、宁静，最要紧的就是安贫乐道。春秋战国时代的颜回"一瓢饮，一箪食，人不堪其忧，而回亦不改其乐"，是一种安贫乐道；东晋田园诗人陶渊明"采菊东篱下，悠然见南山"，是一种安贫乐道；近代弘一法师"咸有咸的味，淡有淡的味"，也是一种安贫乐道。

那么，为什么唯有他们才能做到乐道呢？那是因为他们超脱了尘世俗物的牵绊，看清了人生真正最具价值的所在。

不从外物取物，而从内心取心

尊重自己本性的人才不至于迷失自己，才能看清自己要走的路。然而，这世间有几人尊重了自己的本性？

凡尘俗世的纷繁芜杂使我们渐染失于心性的杂色，每一次的呈现都多了一点修饰，每一次的语言都少了一分真实。习惯于疲惫的伪装，总以为这样就可以赢得更多，过得更好。蓦然回首，那些希冀着的仍需希冀，那些渴盼着的仍需渴盼，唯独改变了的是自己的本性。扪心自问："我是否在意过自己最真实的内心世界？尊重过自己的本性？"心会告诉你那个最真实的答案。有多少人曾想过改变自己，以追逐想要的一切，到头来才发现，自己做了一个邯郸学步的寿陵少年，不仅没有得到自己想要的，还丢了自己最初拥有的。那么，当初为什么就不能尊重自己的本性，做那个最真的自己？也许正是因为没有彻悟。

文喜禅师去五台山朝拜。到达前，他晚上在一茅屋里住宿。茅屋里住着一位老翁。文喜就问老翁："此间道场内容如何？"

老翁回答道："龙蛇混杂，凡圣交参。"

文喜接着问："住众多少？"

老翁回答："前三三，后三三。"

文喜第二天起来，茅屋不见了，只见文殊骑着狮子步入云中，文喜自悔有眼不识菩萨，空自错过。

文喜后来参访仰山禅师时开悟，安心住下来担任煮饭的工作。一天他从饭锅蒸汽上又见文殊现身，便举铲打去，还说："文殊自文殊，文喜自文喜，今日惑乱我不得了。"

文殊说偈云："苦瓜连根苦，甜瓜彻蒂甜，修行三大劫，却被这僧嫌。"

有时我们因总把眼光放在外界，追逐于自己所想的美好事物，常常忽视了自己的本性，在利欲的诱惑中迷失了自己，所以才终日心外求法，因此而患得患失。如果能明白自己的本性，坚守自己的心灵领地，又何必自悔自恼呢？

王羲之的伯父王导的朋友太尉郗鉴想给女儿择婿。当他知道丞相王导家的子弟个个相貌堂堂，于是请门客到王家选婿。王家子弟知道之后，一个个精心修饰，规规矩矩地坐在学堂，看似在读书，心却不知飞到哪儿去了。唯有东边书案上，有一个人与众不同，他还像平常一样很随便，聚精会神地写字。天虽不热，他却热得解开上衣，露出了肚皮，并一边写字一边无拘无束地吃馒头。当门客回去把这些情形如实告知太尉时，太尉一下子就选中了那个不拘小节的王羲之。太尉认为王羲之是一个敢露真性情的人。他尊重自己的本性，不会因外物的诱惑而屈从盲动，这样的人可成大器。

所以，做人没有必要总是做一个跟从者，一个旁观者，只需知道自己的本性就足可以成为一道风景。不从外物取物，而从内心取心，先树自己，再造一切，这才是你首先要做的。

静听花开，我心平常

静听花开是一种境界、一种修为，淡淡之情往往是一种很高深的人生境界，不要介意让自己成为一个淡淡的人，追求平常，就是在让自己变得更加地有修为，平常心往往能够让你感受到自然花开花落，感受到车水马龙，感受到一切淡淡的存在，从而你会发现平常心往往会成就出不一样的人生色彩。

平常心需要人能看淡得失，宠辱不惊，摒弃外界的纷纷扰扰。东坡有云："惟江上之清风，与山间之明月，耳得之而为声，目遇之而成色，取之无禁，用之不竭，是造物者之无尽藏也，而吾与子之所共适。"世人容易错过，在喧嚣里，在烦躁里，在忙乱急促里，错过了那些本应可以轻易得到的美好。曾经，只要一抬头，我们便能看到白云悠悠，轻启窗儿，迎面即是清风徐徐，繁星满天，好不灿烂，这样惬意而美好的时光在我们的忙忙碌碌中与我们相隔越来越远了。

平常心往往是我们人生中不可或缺的一种境界，如果我们面对任何事情都能够以平常心态去对待，那么我们的生活中会少一份误解，多一份谅解；少一份冲动，多一份理性；少一份贪欲，多一份平静；少一份不得安宁，多一份平静自在。

一个人生活在错综复杂的社会里，在充满荆棘和坎坷的人生道路上奔波，必须有良好的心理状态。在面对困难时，要选择坚强，在面对挫折时，要拥有恒心和信心，坚持不懈地朝着自己预定的目标去拼搏奋进，成也淡然，败也坦然，都要拥有一颗平常心冷静面对。只要付出了奋斗了，无愧于他人，无愧于自己的良心，就是成功。人生的道路不是一帆风顺的，风风雨雨、坎坎坷坷经常会遇到。经过风雨坎坷之后，再去感悟平常心的真谛，就能领略到一种至高至纯的人生境界，从中感悟到平常心对自己的成长是多么重要。始终保持一颗平常心，带着笑去面对生命中的每一天，才是人生极有魅力的生存哲学。

孙杰在一家外资企业打工，当初通过网络找到这份工作。该公司并没什么名气，但孙杰在网络上查到该公司的资料后，感觉在这里不仅能得到锻炼，还有更大的发展空间，便加入了该公司，以该公司为平台来施展自己的抱负。找到新工作的他迎来的并不是家人的鼓励和庆祝，而是无尽的寂寞。由于该公司的名气不怎么大，而且在营销方式上也有独特的一面，与传统的营销模式有所区别，所以不被孙杰的家人理解，都认为他误入歧途。朋友们也在疏远他，更不支持他。但孙杰耐住寂寞孤身奋战。他在无尽的寂寞中学习业务知识，不断提高自己、锻炼自己，从未想过放弃。由于他的努力，业务水平不断提高，初进公司的两个月里就为公司创造了很高的利润，从而得到公司的器重。半年后，他被总公司委派到外地的分公司任总经理。为了让自己的能力得到充分展示，孙杰踏上了远行的列车，告别了熟悉的环境与温暖的家，来到一切都陌生的城市。周围的一切对于孙杰来说都是陌生的，陌生的脸孔，陌生的环境，一切都将从零开始。面对陌生城市，寂寞来袭，他心里非常伤感。

没想太多，安顿好之后，孙杰马上开始了自己的工作。由于当地的风俗及生活习惯与他所在的地方相差很大，以前制订的一切计划全部被否定，所以，刚开始工作非常辛苦，进程缓慢。作为总负责人，他背负的压力远远超出了常人，工作的压力、心里

第九章 众人皆醉我独醒

的酸痛不知向谁诉说。寂寞将要把他压垮，可他却忍耐住了寂寞。孙杰深入研究当地的风俗和生活习惯，对当地的一切都了如指掌，整合市场资源，制订计划，整装待发后一鼓作气，将公司的产品在这个地区的市场上一炮打响，为公司创下了前所未有的辉煌。阳光总在风雨后，成功也总在寂寞后。成功对于每个人都是公平的。

如果静下心来，仔细想想，你会觉得寂寞也未必就是一件坏事。有些东西只有在寂寞时才能看到，有些东西只有在寂寞时才能得到。在寂寞的笼罩下，我们完全以自我意识为中心。如果有家人或朋友陪伴在身边，意识一般会寄托在他们身上，遇到挫折时就想从他们那里得到安慰，得到帮助，而不去面对困难，解决困难，这对自己的成长是一种限制。人在一生中会遇到各种机遇。只要你耐得住寂寞，进一步充实自己，不断完善自己，当机遇来临时你就能取得成功。

也有人这样说，平常心往往是经历磨难和挫折之后的一种心灵的升华，当你拥有了平常心之后你会发现自己的心境有了一定的提升。当然，也有人说过，"家有千金无非一日三餐，屋有百间无非放床一张"。这就告诉我们，贪欲不能让我们真正快乐，贪念反而会让我们变得十分的被动，所以这个时候不如平静地对待一切。当我们的付出与收获很难成正比的时候，更需要用一种平和的心理智地面对。我们要知道，能当元帅的毕竟是少数，更多的人在当士兵；世界上不仅有劲松，还有更多的小草。

只要对社会有贡献，做事情无愧于自己的良心，在漫长的人生道路上以坚强的决心、持久的恒心、坚韧的信心和宁静的平常心对待一切，就会拥有开启成功之门的钥匙。前途是光明的，道路是曲折的。我们应该做的是在平淡之中勇往直前，努力到达光明的顶点。

在人生路上，我们要真正领悟平常心的意义，并以此为人生准则，从中获取无限的欢乐与满足，做一个永远幸福的人，既需要有崇高的精神境界，又要有睿智的理性思考。如此说来，平常心的内涵博大精深，看似平常的"平常心"其实不平常。人生，平常心是道。平常心贵在平常，波澜不惊，生死不畏，于无声处听惊雷。拥有一颗平常心，便能笑对得失，从容面对生活里的幸与不幸，获得真正的幸福。

让心一片清静

一个真正善良的、受人尊敬的人首先要有一颗纤尘不染的心。外面的环境可以藏污纳垢，但我们的内心不能同流合污。心静则明白事理，心净则无愧己心。做轻轻松松、清清爽爽的好人，先

第九章 众人皆醉我独醒

从净化自己的内心开始。

鼎州禅师与一位小沙弥在庭院里散步，突然刮起了一阵大风，从树上落下了好多树叶。鼎州禅师就弯下腰，将树叶一片片地捡了起来，放在口袋里。站在一旁的小沙弥忍不住劝说道："师父！您老不要捡了，反正明天一大早，我们都会把它打扫干净的。您没必要这么辛苦的。"

鼎州禅师不以为然地说道："话不是你这样讲的，打扫叶子，难道就一定能扫干净吗？而我多捡一片，就会使地上多一分干净啊！而且我也不觉得辛苦呀！"

小沙弥又说道："师父，落叶这么多，您在前面捡，它后面又会落下来，那您要什么时候才能捡得完呢？"

鼎州禅师一边捡一边说道："树叶不光是落在地面上，它也落在我们心地上。我是在捡我心地上的落叶，这终有捡完的时候。"

小沙弥听后，终于懂得禅者的生活是什么。之后，他更是精进修行。

当年佛陀在世的时候，有一位弟子叫周利槃陀伽，本性十分愚笨，怎么教都记不得，连一首偈，他都只是念前句忘后句，念后句忘前句的。

一天，佛陀问他："你会什么？"

周利槃陀伽惭愧地说道："师父，弟子实在愚钝，辜负了您的一番教诲，我只会扫地。"

佛陀拍拍他的肩头说："没有关系，众生皆有佛性，只要用心你一定会领悟的。我现在教你一偈，从今以后，你扫地的时候用心念'拂尘扫垢'。"

听了佛陀的话，愚钝的周利槃陀伽每次扫地的时候都很用心地念，念了很久以后，突然有一天他想道："外面的尘垢脏时，要用扫把去扫，而内心污秽时又要怎样才能清扫干净呢？"

就这样，周利槃陀伽终于开悟了。

鼎州禅师捡落叶，不如说是捡去心中的妄想烦恼。大地山河有多少落叶且不必去管它，而人心里的落叶则是捡一片少一片。只要当下安心，就立刻拥有了大千世界的一切。

人心就好比一面镜子，只有拭去镜面上的灰尘，镜子才能光亮，才能照清人的本来面目；所以，一个人也只有常常拭去心灵上的尘埃，方能露出其纯真、善良的本性来。

生活中，财、色、利、贪、懒……时刻潜伏在我们的周围，像看不见的灰尘一样无孔不入。时间长了，不去清扫，人的心上就会积着厚厚的一层，灵智被蒙蔽了，善良被遮挡了，纯真亦不复见。

那些尘埃，颗粒极小、极轻。起初，我们全然不觉它们的存在，比如一丝贪婪、一些自私、一点懒惰、几分嫉妒、几缕怨恨、几次欺骗……这些不太可爱的意念，像细微的尘灰，悄无声息地落在我们心灵的边角。而大多数的人并没注意，没去及时地清扫，结果越积越厚，直到有一天完全占满了内心，再也找不到自我。

落叶之轻，尘埃之微，刚落下来的时候难有感觉，但是存得久了，积得多了，清理起来就没那么容易了。在生命的过程中，也许我们无法躲避飘浮着的微尘，但千万不要忘记拂去，只有这样，我们的心灵才会如生命之初那般清洁、明净、透明！